安博士新农村安全知识普及丛书

实用
兽药安全知识

杨志强　主编
孙晓明　主审

U0386212

中国劳动社会保障出版社

图书在版编目（CIP）数据

实用兽药安全知识/杨志强主编. —北京：中国劳动社会保障出版社，2017

（安博士新农村安全知识普及丛书）

ISBN 978-7-5167-3027-0

Ⅰ.①实…　Ⅱ.①杨…　Ⅲ.①兽用药-用药法-普及读物　Ⅳ.① S859.79-49

中国版本图书馆 CIP 数据核字（2017）第 152328 号

中国劳动社会保障出版社出版发行

（北京市惠新东街 1 号　邮政编码：100029）

*

三河市潮河印业有限公司印刷装订　　　新华书店经销

880 毫米×1230 毫米　32 开本　6.75 印张　1 插页　154 千字

2017 年 7 月第 1 版　　2020 年 4 月第 2 次印刷

定价：**28.00 元**

读者服务部电话：（010）64929211/84209101/64921644

营销中心电话：（010）64962347

出版社网址：http://www.class.com.cn

安博士新农村安全知识普及丛书编委会

主　　任　贾敬敦
副主任　黄卫来　孙晓明
编　　委　白启云　胡熳华　李凌霄　林京耀　张　辉
　　　　　黄　靖　袁会珠　吴崇友　杨志强　熊明民
　　　　　刘莉红　肖红梅　高　岱　张　兰

本书编写人员

主　　编　杨志强
副主编　郑继方
编写人员　王学志　李建喜　董鹏程　张景艳
　　　　　李锦宇　王贵波
主　　审　孙晓明

前　言

　　经过多年不懈努力，我国农业农村发展不断迈上新台阶，已进入新的历史阶段。新形势下，农业主要矛盾已经由总量不足转变为结构性矛盾，主要表现为阶段性的供过于求和供给不足并存。推进农业供给侧结构性改革，提高农业综合效益和竞争力，是当前和今后一个时期我国农业政策改革和完善的主要方向。顺应新形势新要求，2017年中央一号文件把推进农业供给侧结构性改革作为主题，坚持问题导向，调整工作重心，从各方面谋划深入推进农业供给侧结构性改革，为"三农"发展注入新动力，进一步明确了当前和今后一个时期"三农"工作的主线。

　　深入推进农业供给侧结构性改革，就是要从供给侧入手，在体制机制创新上发力，以提高农民素质、增加农民收入为目的，贯彻"科学技术是第一生产力"的意识，宣传普及科学思想、科学精神、科学方法和安全生产知识，围绕农业增效、农民增收、农村增绿，加强科技创新引领，加快结构调整步伐，加大农村改革力度，提高农业综合效益和竞争力，从根本上促进农业供给侧从量到质的转型升级，推动社会主义新农村建设，力争农村全面小康建设迈出更大步伐。

　　加快开发农村人力资源，加强农村人才队伍建设，把农业发展方式转到依靠科技进步和提高劳动者素质上来是根本，培养一批能够促进农村经济发展、引领农民思想变革、带领群众建设美好家园的农业科技人员是保证，培育一批有文化、懂技术、会经营的新型农民是关键。为更好地在农村普及科技文化知识，树立先进思想理念，倡导绿色、健康、安全生产生活方式，中国农村技术开发中心组织相关领域的专家，从农业生产安全、农产品加工与运输安全、农村生活安全等热点话题入手，编写了本套"安博士新农村安全知识普及丛书"。

　　本套丛书采用讲座和讨论等形式，通俗易懂、图文并茂、深入浅出地介绍了大量普及性、实用性的农村生产生活安全知识和技能，包括《实用农业生产安全知识》《实用农机具作业安全知识》《实用农药安全知识》《实用兽药安全知识》《实用农产品加工运输安全知识》《实用农村生活安全知识》《实用农村气象灾害防御安全知识》。希望本套丛书能够为广大农民朋友、农业科技人员、农村经纪人和农村基层干部提供良好的学习材料，增加科技知识，强化科技意识，为安全生产、健康生活起到技术指导和咨询作用。

本套丛书在编写过程中得到了中国农业科学院科技管理局、植物保护研究所农业部重点实验室、兰州畜牧与兽药研究所，农业部南京农业机械化研究所主要作物生产装备技术研究中心，中国农业大学资源与环境学院，南京农业大学食品科技学院和中国气象局培训中心等单位众多专家的大力支持。参与编写的专家倾注了大量心血，付出了辛勤的劳动，将多年丰富的实践经验奉献给读者。主审专家投入了大量时间和精力，提出了许多建设性的意见和建议，特此表示衷心感谢。

由于编者水平有限，时间仓促，书中错误或不妥之处在所难免，衷心希望广大读者批评指正。

编委会

二〇一七年二月

内容简介

兽药安全使用不仅直接关系到畜牧水产品生产的安全及其经济效益的好坏，更与人们的食品安全息息相关。近年来随着畜牧水产养殖数量与规模的不断增加，三聚氰胺、速生鸡、苏丹红、瘦肉精、孔雀石绿等兽药食品安全事件及喹乙醇畜禽中毒等兽药安全事件接二连三地发生，不仅引起了人们的广泛关注与社会的巨大震动，而且也使兽药安全使用越来越受到人们的关注与重视。

为了普及兽药安全使用知识，规范兽药安全使用行为，本书以农村养殖户、基层兽医及相关管理人员为读者对象，本着普及、提高与实用相结合的原则，针对兽药使用专业性强、基层人员知识面窄而不全的特点，以"走进兽药话安全""了解常识辨是非""兽药规范保安全""科学用药增疗效"和"配伍禁忌要牢记"为话题，着重就兽药安全使用的常识、规范、科学用药及配伍等问题进行了比较系统的介绍。

本书重在技术的应用和普及，适合广大农业养殖户、各级畜牧兽医站科技人员、农业技术推广人员、农业工作者、农村经纪人和农村基层干部阅读，也可作为畜牧兽医类专业师生的参考用书。

目录

第一讲

走近兽药话安全

导读

话说兽药是个宝，畜禽养殖离不了，防病保健增效益，安全使用更重要。

话题 1　兽药与食品安全的关系

兽药与食品安全的关系，主要是由于兽药通过各种途径不恰当地施用于动物，而人类在食用这些动物的奶、蛋、肉等畜产品后，就有可能引起毒性不良反应事件的发生。其严重性与重要性通过近几年所发生的几起事件即可见一斑。

三聚氰胺事件的教训

三鹿奶粉事件的发生，不仅暴露了我国食品安全存在严重问题——人们现在对各种食品是否安全都发生怀疑，而且暴露了市场管理也存在严重缺陷。这一危害巨大、影响深远的事件震惊了我国与世界，其元凶就是三聚氰胺。"三鹿毒奶粉"虽然主要是在奶粉原料或新鲜牛奶中非法添加三聚氰胺所致，但问题不仅仅如此。有人为了片面提高牛奶及其制品中所谓的蛋白质检测含量（假结果），不仅在牛奶及其制品中，而且在奶牛饲料中也非法添加三聚氰胺。结果不仅引起了恶性中毒事件的发生，而且引发了奶产业的巨大震荡，牛奶及其制品的严重滞销而导致大量牛奶被倒弃、大批奶牛被屠杀。三聚氰胺事件始末如图1—1所示。

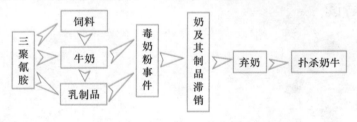

图1—1　三聚氰胺事件始末

1. 什么是三聚氰胺

三聚氰胺（Melamine）俗称密胺、蛋白精，其化学式为$C_3H_6N_6$，是一种三嗪类含氮杂环有机化合物，被用做化工原料。它是白色单斜晶体，几乎无味，微溶于水，可溶于甲醇、甲醛、乙酸、热乙二醇、甘油、吡啶等，不溶于丙酮、醚类，具有毒性，不可用于食品加工或食品添加物。

2. 三聚氰胺的毒性

目前广泛认为，三聚氰胺是一种低毒的化工原料。动物实验中大鼠口服的半数致死量大于 3 g/kg 体重。奶粉中三聚氰胺在婴儿体内最大耐受量为 15 mg/kg 奶粉。事实上，三聚氰胺单独摄入体内并不能造成很严重的后果，但三聚氰胺与三聚氰酸同时摄入体内就会对人体产生严重的危害。由于三聚氰酸与三聚氰胺结构相似，二者在化工生产过程中常常同时存在，在奶粉生产过程中加入的化工原料三聚氰胺就是二者的混合物。初步研究认为，二者在体内经血液运送至肾脏时会相互作用，以网格结构形成不溶于水的大分子复合物，并沉积下来，形成结石，造成肾小管的物理性阻塞，导致尿液无法顺利排出，使肾脏积水，最终导致肾脏衰竭。成年人由于经常喝水使得结石不容易形成，但哺乳期的婴儿由于喝水很少且肾脏比成年人狭小，很容易形成结石。这也是 2008 年我国婴幼儿奶粉污染事件中受害者基本为婴儿的原因之一。

3. 三聚氰胺事件的教训

由于在牛奶、乳制品以及饲料中添加无味的白色结晶粉末——三聚氰胺，能提高牛奶及其制品中的含氮检测量，给人以蛋白质含量高的假象，故三聚氰胺也被称为"蛋白精"。而且因其生产工艺简单、成本低（花费只是植物蛋白粉等的 1/5），一些不法商人在利益的驱动下将其掺杂进食品或饲料中，以提升食品或饲料中的蛋白质检测含量。"蛋白精"骗局在国内出现已有很长时间，"三鹿奶粉"不过是把这一"行业秘密"摆在公众面前而已。

4. 应对措施

我国有关部门对三聚氰胺事件高度重视，且采取了相应的措施来解决这一问题。在此对这一事件进行讨论，旨在避免该类问题的再次发生。那么需要采取哪些措施才能做到防患于未然呢？

● 建立食品质量认证机制和企业诚信及安全信息网络平台 对相关企业的资质、人员、设备、生产环境、工艺、产品检测、销售等要不间断地进行全程认证与监测，并实时、如实公布于众。特别是对食品企业法人的诚信应有更严格的考核与评估机制。让广大消费者通过信息平台把握对食品的知情权、选择权。同时，建立有效的食品安全信息报告和预警机制，对食品生产企业实行严格的 "优胜劣汰" 机制。

● 树立质量意识，加强饲料、牛奶以及乳制品生产企业的质量保证体系建设 对饲料、牛奶以及乳制品生产企业来讲，首先，负责人要重视质量问题，企业从上到下要树立居安思危的质量意识，定期开展质量教育。其次，要建立强大的质量保证体系，建立从原料奶的来源到产品加工、销售和售后的一系列监控体系，尤其是加强源头的质保体系。

● 完善食品安全立法，加强质量监督部门的行政管理力度，建立第三方监督制度 《中华人民共和国食品安全法》的颁布是我国食品安全法制建设的里程碑。在健全立法的同时，首先，行政主管部门要完善行业标准，防止出现行业管理和质量检查的真空和无法可依、无据可查的现象，对违法企业绝对不能姑息迁就，让敢于以身试法者付出沉重代价，发挥食品法律法规的威慑力。其次，建立从企业到市场的检测和检查制度，使质量检查和检测不仅要有来自企业的送检制度，还要有与市场的抽查、突查制度相结合的质量检测制度，形成不定期化。最后，引入第三方质量检测机构，加强对企业产品的第三方检查力度和监督。

● 加强舆论和媒体的监督力度 利用媒体传播的广泛性和权

威性，加强行业的舆论监督，建立市场产品质量检测结果定期公布制度。

● 落实《乳制品工业产业政策（2009 年修订）》的实施，加强行业价格管理　针对工信部和国家发改委 2009 年 6 月 26 日《乳制品工业产业政策（2009 年修订）》的要求，切实落实政策中针对奶源供应的要求，强化企业自有奶源的比例。同时，行政管理部门应该加强对乳品企业的价格管理，防止由于价格偏离导致伤农害农事件的发生，进而避免乳业后期的畸形发展。

● 加强对奶源的管理　改变过去收奶的管理环节，将奶源的生产、收购等环节纳入企业的管理范围，取消中间环节，做到防患于未然。

瘦肉精的危害

将瘦肉精添加到猪饲料中，在我国是严令禁止的。但近年来，国内一些饲料加工企业、饲料添加剂企业及生猪饲养业主，不是从提升科学技术、改良生猪品种、改进饲养方式上来提高猪肉品质，降低饲养成本，而是在利益驱动下，为片面地使商品猪多长瘦肉、少长脂肪，在饲料中违规添加瘦肉精，使得瘦肉精中毒事件屡禁不止，给居民食品安全带来了严重的危害，引起了社会的广泛关注。近年来，相继发生多起瘦肉精中毒事件，中毒人数达上千人，以至于不少人闻瘦肉精色变。

几起典型的瘦肉精中毒事件如图 1—2 所示。

1998年5月,香港17人因吃内地供应的猪肉后中毒,国家出入境检验检疫部门立即决定在供港猪肉中禁用盐酸克伦特罗。

2006年上海陆续发生"瘦肉精"食物中毒事故,涉及全市9个区,300多人。

2009年2月19日,"瘦肉精"引起广州70人中毒。

图 1—2　瘦肉精的危害

1. 什么是瘦肉精

● 瘦肉精实际上不是某一种特定的物质,而是一类叫作乙类促效剂（β–agonist）的药物,因其能够促进瘦肉生长并抑制脂肪生成与沉积,故被称为"瘦肉精"。

● 在我国造成中毒的克伦特罗,在美国允许使用的雷托巴胺、莱克多巴胺等,都属于这一类药物,其他类似的药物还有沙丁胺醇（Salbutamol）、特布他林（Terbutaline）等。这类药物虽然能起到"瘦肉"的作用,但却对人体健康危害过大,因此在全球陆续遭到禁用。

● 我国禁止使用包括雷托巴胺、莱克多巴胺在内的任何瘦肉精。在我国通常所说的瘦肉精是指克伦特罗,又名盐酸克伦特罗、盐酸双氯醇胺、克喘素、氨哮素、氨必妥、氨双氯喘通、氨双氯醇胺等。该药呈白色结晶粉状,无臭、味苦,溶于水和乙醇,1964 年在美国首次合成并获专利。

● 克伦特罗原是一种平喘药,化学性质稳定,一般烧煮加热方法不能将其破坏。克伦特罗曾经作为药物用于治疗支气管哮喘，后因副作用太大而遭禁用。

● 20 世纪 80 年代初，美国脂胺公司研究表明，当在饲料中添加一定量的盐酸克伦特罗时，对动物具有能量重新分配的作用，可以提高猪的生长速度，瘦肉率增加 9% ~16%，骨骼肌脂肪含量降低 8% ~15%，猪毛色红润光亮，收腹，卖相好，屠宰后，肉色鲜红，脂肪层极薄，往往是皮贴着瘦肉，瘦肉丰满。所以称它为瘦肉精。含有瘦肉精的猪肉如图 1—3 所示。

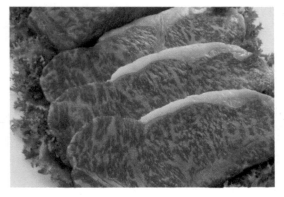

图 1—3 含有瘦肉精的猪肉

● 克伦特罗既不是兽药，也不是饲料添加剂，而是肾上腺类神经兴奋剂，实际上是一种激素，一种严重危害畜牧业健康发展和畜产品安全的"毒品"。

2. 瘦肉精的毒性

● 瘦肉精属于非蛋白质激素，猪吃了瘦肉精后，其毒性主要积蓄在猪肝、猪肺等处。

● 瘦肉精化学性质稳定，烹调时难以破坏它的毒性，食用后直接危害人体健康。其进入体内后具有分布快、消除慢的特点。

● 人食用瘦肉精后 15~ 20 min 即起作用，2 ~ 3 h 血浆浓度达峰值，作用持久。一般摄入 20 μg 瘦肉精就会出现症状，食量过大会出现面颈及四肢肌肉震颤、头晕、头疼、心慌、战栗、恶心、呕吐等症状。瘦肉精对高血压、心脏病、甲亢和前列腺肥大等疾病患者危害更大，严重的可导致死亡。

● 长期摄入瘦肉精有可能导致染色体畸变，会诱发恶性肿瘤。人在食用了含有瘦肉精的猪肉和内脏后，会造成群体性的恶性食物中毒事故。瘦肉精还会导致儿童性早熟。

● 由于瘦肉精属蛋白同化制剂，能减少酮体脂肪合成，所以又被世界反兴奋剂机构禁止使用。

3. 瘦肉精查禁情况及预防

● 《中华人民共和国药品管理法》及其配套规章明确规定，禁止非法生产盐酸克伦特罗，任何单位和个人不得将这种药出售给非医疗机构和个人。

● 《饲料和饲料添加剂管理条例》（国务院令 266 号发布，2001 年 11 月 29 日起施行）中明确规定，严禁在饲料和饲料添加剂中添加盐酸克伦特罗等激素类药品。

● 2004 年 3 月，国家食品药品监督管理局、公安部、农业部、商务部、卫生部等八个部局联合发布文件，阻止违禁添加剂留在养殖行业，加强对瘦肉精的防堵。为了遏制部分养殖户仍在饲料中非法添加瘦肉精，危害食用者的健康，每年都开展打击非法生产、销售、使用盐酸克伦特罗的专项治理活动，下达残留监控计划。

● 2005 年，农业部专门下发了有关加强瘦肉精等违禁药品专项治理的工作通知。

● 2006 年，农业部将一些畜产品中含瘦肉精问题比较突出的地区，作为重点督察对象。2006 年 9 月，农业部发出紧急通知，要求进一步加强瘦肉精等违禁药品整治工作。为防止瘦肉精中毒事件的再度发生，有关专家提出以下几个有效预防的方法：

⊙控制源头，加强法规的宣传，禁止在饲料中掺入瘦肉精。

⊙加强对上市猪肉的检验。

⊙提醒购买猪肉的消费者，如果发现猪肉肉色较深、肉质鲜艳，后臀肌肉饱满突出，脂肪非常薄，则应警惕这种猪肉可能使用过瘦肉精。

疯牛病的前因后果

1. 什么是疯牛病

1986 年英国开始流行牛海绵状脑病（bovine spongiform encephalopathy，BSE），俗称疯牛病（mad cow disease），是由一种称为朊病毒的病毒所致的慢病毒性传染病。这种病多发生在 4 岁左右的成年牛身上，症状不尽相同。疯牛病的状况如图 1—4 所示。

图 1—4　疯牛病的状况

● 主要表现为：行为反常，烦躁不安，对声音和触摸敏感，尤其是对头部触摸过分敏感，步态不稳，经常乱踢以至摔倒、抽搐。发病初期症状不明显，后期出现强直性痉挛，粪便坚硬，两耳对称性活动困难，心搏缓慢（平均 50 次 /min），呼吸频率增快，体重下降，极度消瘦，以至死亡。

● 人食用含有被朊病毒污染的牛肉、牛骨髓，或经手术、器官移植、输血、遗传等途径感染而发病，患者脑部出现海绵状空洞，导致记忆力丧失、身体功能失调、神经错乱甚至死亡等。

● 疯牛病在刚发现 10 年内，蔓延迅速，死亡的牛不计其数，人感染疯牛病也可能导致死亡。更严重的是，由于疯牛病的潜伏期极长，为 2~30 年，根本无法预测最终的受害者人数、死亡牛数会是多少。所以，疯牛病对人类的生命安全以及对整个世界畜牧业发展造成的巨大危害很难估计。

2. 疯牛病暴发的原因

● 早在疯牛病被发现的前几年，英国专家曾在羊群中发现一种称为"痒病" 的羊脑病，人们常常把死后的病羊加工成蛋白饲料添加剂用来喂牛。而据推测，疯牛病的致病因素就存在于牛饲料中。这种致病因素极其顽固，普通的烹调温度无法将其杀死，即使在消毒、冷冻或干燥的极端温度条件下也无法将其杀死，所以致使牛群发病，而病牛的尸体经过加工后又进入了牛的食物链，从而导致疯牛病的传染与暴发。

● 为避免引发消费者恐慌和保证牛肉出口，避免巨大的经济损失，英国政府一再误导消费者，不让普通大众了解英国牛肉产品和人类感染疯牛病的危险性。虽然在 1989 年 7 月，英国政府已禁止英国本地使用同类动物的肉、血液、凝胶和脂肪制成的饲料（MBM），但是直到 1996 年 3 月，才正式在全球禁止这种饲料出口。

直至 1996 年 10 月 26 日，英国政府终于鼓足勇气，正式承认疯牛病有可能传染给人类，并公布了疯牛病调查报告。这份长达 16 卷的报告历时 2 年、耗资 2 700 万英镑才得以完成。

● 最令人困扰的是没有人知道有多少国家、多少只牛吃进去多少可能导致疯牛病的英国牛饲料。根据英国海关公布的统计数据，以 1989 年为分水岭，在此之前，英国输出约 2.5 万 t 的 MBM 至欧盟国家，输往欧盟以外国家（主要为中东和非洲）约 7 万 t。到了 1991 年，输往欧洲国家的 MBM 骤然降至零，可是与此同时，输往第三世界的 MBM 却在增加。英媒体披露，在英国政府得知这种饲料有问题之后，仍购进这种饲料的国家包括捷克、阿尔及利亚、泰国、南非、肯尼亚、土耳其、利比亚、黎巴嫩、波多黎各、斯里兰卡等。

3. 疯牛病造成的后果

● 1996 年 3 月 27 日，欧盟决定，在尚未查明疯牛病的传播源之前，禁止英国向欧盟成员国及任何第三国出口活牛和牛肉。迄今，除了在英国发现疯牛病以外，世界上还有 10 多个国家和地区也发现了疯牛病，而且都直接或间接与英国有关系。法国、葡萄牙、爱尔兰、瑞士四国已在当地牛群中发现疯牛病，其中法国是欧洲大陆最大的牛肉市场，每年从英国销往法国的牛肉产品为 8 万 t，英国疯牛病在法国引起一阵恐慌。为与英国牛肉"划清界限"，法国政府连忙为自己的牛肉配发三色标志，以示区别。

● 面对欧盟的出口禁令以及世界各国纷纷停止从英国进口活牛、牛肉及其制品的严峻形势，英国政府为改变其疯牛病传播源的形象，恢复国内外消费者对英国牛肉的信任，对可能感染此病的牛群进行了宰杀焚毁。据统计，从 1986 年 11 月首次发现疯牛病到 1995 年 5 月，英国总共约有 15 万头牛感染此病。在当时英国存栏的 1 180 万头肉牛中，两岁半以上的牛至少有 400 万头。如果要把这些牛全数宰杀销毁，那就意味着每周要毁掉 15 万头牛，相当于每 40 s 要屠杀一头牛，而且时间长达五六年。

● 英国的肉牛养殖、加工业有许多人失业。

● 为避免英国羊群感染 BSE，英国农业部在接受食品标准局提出对出售羊肉进行检疫的建议后，拟订了一连串应对英国羊群可能感染 BSE 的紧急方案。

● 为了应付疯牛病危机，欧盟决定动用 12 亿欧元，用于收购被宰杀的牛、补贴牛农损失和检测疯牛病。但是，由于疯牛病持续蔓延，原定的预算已经无法应付危机。欧盟委员会农业委员菲施勒表示，由于欧盟各国牛肉消费量锐减，出口严重受损，更由于疯牛病病例不断增加，必须销毁病牛和大量同栏饲养的牛才可能恢复消费者的信心。他强调，欧盟需要 30 亿欧元才可能应付这场危机。

孔雀石绿事件的影响

1. 什么是孔雀石绿

● 孔雀石绿（见图 1—5）是一种带有金属光泽的绿色结晶体，又名碱性绿、盐基块绿、孔雀绿等，属于有毒的三苯甲烷类化合物。虽然称为孔雀石绿，但其实不含有孔雀石的成分，只是两者颜色相似而已。

● 孔雀石绿易溶于水，溶液呈蓝绿色，广泛用于真丝、羊毛、皮革、麻制品、陶瓷制品、棉布等的染色。

孔雀石绿在早期曾作为杀菌剂、杀虫剂、消毒剂等用于水产养殖业。长期以来，渔民用它来预防鱼的水霉病、鳃霉病、小瓜虫病等，而且为了延长鳞受损鱼的生命，在运输过程中和存放池内，也常使用孔雀石绿。

图1—5　孔雀石绿

2. 孔雀石绿事件

孔雀石绿是食品安全领域里继苏丹红之后在全世界引起轰动的又一高危物品，国际公认其具有高毒素、高残留，对人体有致畸、致癌、致突变的副作用。许多国家都将孔雀石绿列为水产养殖禁用药物。

虽然我国早在2002年5月将孔雀石绿列入《食用动物禁用的兽药及其化合物清单》中，禁止将其用于食用动物，但从2005年7月起，在福建、江西及安徽等地出口的鳗鱼产品中验出含有孔雀石绿，国家质检总局首次下令全面回收，数日后北京、湖北、香港等地亦发现多种淡水鱼含有孔雀石绿。

"孔雀石绿事件"在内地虽然远远没有"苏丹红""回奶事件""毒奶粉"等风波的反应强烈，但在香港却闹得沸沸扬扬，当地淡水鱼批发市场整整停市三天，民众谈"鱼"色变。中国内地也因此禁止所有淡水鱼出口到香港。

与此同时，广东省淡水鱼出口受到很大的影响，很多正规的水产出口企业遭受重创，给我国的水产品出口贸易造成了不可挽回的经济损失。为此，农业部 2005 年 7 月下发了《关于组织查处孔雀石绿等禁用兽药的紧急通知》，要求各地兽医和渔业行政主管部门开展专项整治行动。随后，农业部渔业局组织水产技术推广总站、水产科学研究院有关专家分赴重点地区，开展水产品质量安全督察，推进无公害水产品行动。

● 2005 年 9 月，国家质检总局、国家标准委发布实施了 GB/T 19857—2005《水产品中孔雀石绿和结晶紫残留量的测定》。该标准要求，孔雀石绿在水产品的检出率不得超过 1 g/1 000 t。

● 清查孔雀石绿的工作开始至今已经有多年，但是在我国很多地方仍然有少数鱼类养殖、经营户为提高商业利润，降低饲养时的死亡率，提高运送时的存活率而使用孔雀石绿，这使得人们在享受廉价水产的同时，也面临着这些高危化学品的威胁。2005年 12 月广东省出口的豆豉鲮鱼罐头中检出孔雀石绿，2006 年 6 月日本在我国出口的养殖鳗鱼中检出孔雀石绿，10 月韩国在我国出口的水产品中发现孔雀石绿，11 月香港从内地进口的桂花鱼中检出孔雀石绿，直到 2007 年 4 月还有我国香港、日本检出孔雀石绿的报道，孔雀石绿已成为全社会的问题。

3. 相关治理措施

当然人们也不必因"孔雀石绿事情"而谈"鱼"色变。

● 近年来，我国主管部门为保障民众能吃上无公害水产品，针对我国水产养殖业者分散生产、渔民安全用药意识淡薄、缺乏安全用药知识的现状，进一步加强了渔药的使用、管理工作，积极开展科普教育活动，同时组织开展了无公害水产品认证、无公害养殖基地认证及渔药、水产苗种、鱼饲料等农资打假活动。

● 中央财政每年拿出 600 万元对重要养殖产品进行药物残留

监测工作。

这些工作的开展，有效地推动了各地水产养殖质量安全检测体系的建立。当然这是循序渐进的过程，取决于经济发展、制度完善、人们生活水平以及生产、经营者素质的普遍提高。相信水产品的安全保障工作在今后会得到很大的改善。

苏丹红事件的警示

1. 什么是苏丹红

● 苏丹红并非食品添加剂，而是一种化学染色剂。它的化学成分中含有一种叫萘的化合物，该物质具有偶氮结构，主要用于石油、机油和其他一些工业溶剂中，目的是使其增色。

● 苏丹红有Ⅰ、Ⅱ、Ⅲ、Ⅳ号四种。苏丹红Ⅰ号型色素是一种红色染料，它是一种人造化学制剂，这种色素常用于工业方面，如溶解剂、机油、蜡和汽油增色以及鞋、地板等的增光，全球多数国家都禁止将其用于食品生产。

2. 苏丹红的危害

苏丹红属于化工染色剂，具有偶氮结构，这种化学结构的性质决定了苏丹红具有致癌性，对人体的肝肾器官具有明显的毒性作用。经毒理学研究表明，苏丹红具有致突变性和致癌性。苏丹红Ⅰ号在人类肝细胞研究中显现可能致癌的特性，在我国禁止将其用于食品中。苏丹红的危害如图1—6所示。

3. 苏丹红事件及其警示

● 2004年6月14日，英国食品标准管理局在超市一批新食品中发现含有潜在致癌性的苏丹红Ⅰ号色素，向消费者和贸易机构发出了警示，禁用产品目录中的苏丹红Ⅰ号。

苏丹红有Ⅰ.Ⅱ.Ⅲ.Ⅳ号四种，经毒理学研究表明，苏丹红具有致突变性，在人类肝细胞研究中显现可能致癌，在我国禁止使用于食品中，违法分子主要在鸭蛋制品、辣椒制品中违规使用。

图1—6　苏丹红的危害

● 2005年2月，英国食品标准管理局在官方网站上公布了一份通告：亨氏、联合利华等30家企业的产品中可能含有具有致癌作用的工业染色剂苏丹红Ⅰ号。随后一场声势浩大的查禁苏丹红Ⅰ号的行动席卷全球。

● 在英国食品标准管理局发出上述通告的十多天之后，北京市政府食品安全办公室向社会通报，经检测认定，广东亨氏美味源辣椒油中含有苏丹红Ⅰ号。在短短不到一个月的时间里，肯德基新奥尔良烤翅等五种食品、长沙坛坛香牌风味辣椒萝卜、河南豫香牌辣椒粉等食品里也都相继发现了苏丹红Ⅰ号。

● 根据国家质检总局公布的数据，全国18个省市的企业的88个样品中都检测出了工业用染色剂苏丹红Ⅰ号。

● 2009年，中央电视台《每周质量报告》栏目播报了北京市个别市场和经销企业售卖来自河北石家庄等地用添加苏丹红的饲料喂鸭所生产的"红心"鸭蛋（见图1—7），并在该批鸭蛋中检测出苏丹红。

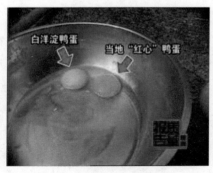

图1—7　"红心"鸭蛋

● 不知道还有多少食品原料和苏丹红一样，存留在各种食品中，时刻威胁着人们的健康。苏丹红事件不过是其中一个案例，它向有关部门敲响了食品监管的警钟。

速生鸡事件面面观

1. 速生鸡事件的始末

● 2012 年 11 月 23 日，媒体曝光了山西粟海集团养殖的一只鸡从孵出到端上餐桌，只需要 45 天，是用饲料和药物喂养的，而粟海集团正是肯德基与麦当劳的大供货商。

● 2012 年 12 月 18 日央视新闻频道《朝闻天下》播出记者调查《揭秘"速生鸡"》，曝光了山东青岛、潍坊、临沂、枣庄、滕州等地一些养殖户违规使用 18 种抗生素、金刚烷胺、地塞米松等抗菌抗病毒药和激素类药品来喂养肉鸡，以使本来已经速生的白羽鸡长得更快。这些"速生鸡"在养殖户交给山东六和集团、盈泰公司等的屠宰场之后，未经检验检疫就被宰杀，部分产品流入百胜餐饮集团上海物流中心，再转入肯德基、麦当劳、必胜客等洋快餐店。这种添加药物喂养的肉鸡经加工后进入百姓的体内，势必会给百姓的身体带来危害。

至此，舆论哗然，一些政府执法部门也闻风而动，对所涉的养殖场进行查处。六和集团是新希望集团旗下公司，作为国内禽产业链最大企业，禽产业收入占比八成。2011 年全年，六和公司鸡料销量 478 万吨，鸡苗销售 1.3 亿只，鸡屠宰 3 亿只。自"速生鸡"事件以来，新希望股价连跌多日，市值蒸发数亿元。

2. 速生鸡事件的原委

其实，肉鸡之所以长得快，除了品种方面的原因外，更关键的是"营养合理"与"条件合适"，其每一个生长阶段都有不同的饲料配比与光照和温度的要求。如严格按照农业部有关标准要求养殖，未添加影响健康的物质，完全可以在 45 天达到出栏的要求，可放心食用。其优点是长得快、个头大、肉嫩、上市快、价格低，不足是口感稍差。但是，如果违规添加药物，不仅有可能因为药物滥用造成病原耐药而使畜禽疾病防治无药可用，而且还有可能造成药物残留而危害人类健康。

有鉴于此，不仅我国各级政府对此事件高度重视，而且早在 2004 年 4 月 9 日国务院就发布了 404 号令《兽药管理条例》，2005 年农业部发布《关于清查金刚烷胺等抗病毒药物的紧急通知》等文件。明确规定了禁止将人用药品金刚烷胺、利巴韦林等用于动物，禁止在饲料和动物饮用水中添加激素类药品，有休药期规定的兽药用于食用动物时，应当确保动物及其产品在用药期、休药期内不被用于食品消费。

3. 速生鸡事件的教训

由于养殖业不断集约化与规模化，养殖风险尤其是疾病防控风险日益加大。养殖户对于养殖风险的恐惧远大过于对药物残留等的恐惧，加之当前我国养殖场（户）普遍存在着兽医专职防疫人员配备缺乏或兽医防疫知识不足等问题，使得"多用药或常用药就能保证安全"的错误认识甚是流行。因此，虽然国家与农业部早已有相关的法规与政策，但滥用抗生素等兽药的情况仍屡见不鲜，造成的兽药安全事件也时有发生。如 2012 年"速生鸡"事件的影响尚未完全消尽，2015 年 7 月 28 日国家食药监总局公布了 2012 年 5 月至 6 月畜禽肉抽检结果，其中雏鹰农牧集团郑州商贸有限公司生产的猪肉检出禁用兽药氯霉素。雏鹰农牧以"澄清媒体报道"为由停牌，并立即要求经销商郑州商贸对涉事门店进行停业整顿，并迅速成立了以董事长为组长的调查小组进行情况调查。

集约化与规模化养殖风险日益增大，加强畜禽疾病防治势在必行。然而，加强防治并非就是多用药或常用药甚或滥用药，而是合理适时地用药。不合理地多用药尤其是滥用药物，不仅起不到加强防治的效果，而且还可能造成药物之间的干扰与病原耐药性的产生，结果适得其反，造成更严重的滥用、药物毒害与残留的发生。因此，加强畜禽疾病防治不仅要合理用药，更要加强兽医防疫人员的配备与培训，严格遵守国家的有关法规与政策，做到科学合理、合法安全、有条不紊，以达到最佳的防治效果。

话题2 兽药使用中的畜禽安全问题

兽药使用既与防治畜禽等动物疾病、保障和促进畜牧业发展服务联系紧密，还与维护人体的健康息息相关。但兽药具有两重性，很多兽药存在不同程度的毒副作用。所以，失之管理，使用不当，不但达不到防病治病的目的，而且会给畜牧业造成巨大的损失。

兽药的不良反应

● 所有危及动物健康或生命，及引发饲料报酬率明显下降的不良反应。

● 新兽药投产使用后发生的各种不良反应。

● 疑为兽药所致的致畸、致癌、致突变。

● 各种类型的过敏反应。

● 疑为兽药间相互作用导致的不良反应。

● 因兽药质量或稳定性问题引起的不良反应及其他一切意外的不良反应。

兽药不良反应的种类与特点

1. 副作用

● 兽药的副作用指在规定剂量范围内，用药后产生的与治疗目的无关的作用。

● 兽药的副作用有很多，其作用对动物的危害较轻，即使出现也多无须停药。

● 由于许多药物的药理作用并不单一，其对动物机能的影响常较宽泛，用途也较广，故而药物的副作用并非绝对不变。当某一作用为治疗所需时，它就成为治疗作用，而其他作用则是副作用。例如，阿托品在抑制胃肠痉挛、治疗腹部绞痛时，其抑制腺体分泌、引起口干舌燥的药理作用是副作用。而在口腔手术前，为抑制唾液腺的分泌，利于手术操作及防止异物误吸以致窒息而使用阿托品，此时，其抑制胃肠蠕动、引起胃腹胀满的药理作用则成为副作用。

2. 毒性作用

● 兽药的毒性作用是指因用药量过大、用药时间过久或因病畜体质特异性，对药物作用过于敏感而引起的危害。

● 绝大多数药物都有一定的毒性，毒性反应的性质各药不同，大多是可以预知的。

● 毒性反应对动物的危害较大，一旦出现多须停药。如新霉素、卡那霉素、庆大霉素、链霉素等过量可引起呼吸肌麻痹，霉素、磺胺药、氯丙嗪等过量可引起过敏性肺炎。

3.过敏反应

● 兽药的过敏反应与药物的药理作用无关，是动物体对某种抗原物质产生的异常免疫反应，会导致组织损伤或功能障碍。

● 兽药的过敏反应可以在用药后立即发生，也可以在用药多天以后迟发。过敏反应是一种不正常的免疫反应，严重者常危及生命。

● 经常食用一些含低剂量抗菌药物的食品可能会使易感个体出现过敏反应，这些药物包括青霉素、四环素、磺胺类药物及某些氨基糖甙类抗生素等。

4.继发性反应

继发性反应是由于兽药的治疗作用所引起的不良后果，又称为治疗矛盾。例如，长期应用抗生素治疗后，由于肠道正常菌群的变化，敏感菌群生理功能受到抑制，引起不敏感菌大量繁殖，而导致继发性感染，又称为二重感染。

5.特异质反应

● 特异质反应是少数动物应用某药后，发生与药物的药理作用完全无关的反应。

● 许多特异质反应的病例，常与遗传酶缺陷有关。这种酶缺陷在平时并无表现，而仅在应用某些有关药物时才显示症状。如红细胞 6- 磷酸葡萄糖脱氢酶缺乏是一种遗传性生物化学缺陷，这类动物服用或食用含有氧化作用的药物（如磺胺等）就可能引起溶血。

6.耐药性反应

● 耐药性反应是指在治疗细菌感染性疾病或寄生虫病中，长期使用某种药物，细菌或寄生虫对该药的敏感性降低。

● 耐药性的产生与用药的种类、剂量及给药方法有密切关系。

● 已发现长期食用低剂量的抗生素能导致金黄色葡萄球菌耐药菌株的出现，也能引起大肠杆菌耐药菌株的产生。

● 迄今为止，具有耐药性的微生物通过食物转移动物体内时对动物产生危害的问题尚未得到解决。

7. 耐受性反应

● 耐受性反应是指机体对药物的敏感性降低，需要提高药物的剂量（甚至中毒量时），才能产生治疗作用。

● 耐受性有天然和后天获得的两种类型。天然的多数与种系遗传有关，如反刍动物对某些麻醉药比较敏感，牛对汞剂耐受性很低，禽类对呋喃类药物易发生中毒，抗生素易引起草食动物消化机能失常等。后者往往是用药不当所造成的。

此外，兽药的不良反应还包括致成瘾、致癌、致畸、致突变作用。

第二讲

了解常识辨是非

导读

　　历史悠久品种多，兽药使用不能错，了解常识莫蹉跎，辨别是非为首要。

话题1 了解兽药

兽药的基本概念

1. 兽药的定义

兽药是指用于预防、治疗、诊断动物疾病或者有目的地调节动物生理机能的物质（含饲料药物添加剂）。

2. 兽药的作用

兽药首先是一种商品，并且是一种特殊的商品。它具有防治动物疾病、保障动物健康和提高动物生产性能的作用。使用兽药可以有效防控动物疫病，提高动物生产性能，因此作为畜牧业发展的三大支柱之一（品种、饲料、兽药），兽药为畜牧业、养殖业和宠物保健业的健康发展提供了保障。

3. 兽药的种类

兽药的分类比较复杂，因为兽药涉及的使用对象特别丰富，主要包括兽类（如牛、羊、猪、马、犬等）、禽类、水生动物类、昆虫类（如蜜蜂等）、爬行类（如蛇等）等。随着近年来施用药物的动物范围不断扩大及饲料药物添加剂的迅速发展，"兽药"一词已不能准确地表示所有动物所用的药品。目前，我国正着手起草《动物药品法》，相信不久我国将会以"动物药品"取代"兽药"一词。兽药的种类相当庞杂，如何有效管理兽药使之为我国畜牧业和养殖业的发展提供保障，是一门相当复杂的科学，也是一项艰巨的任务。

● 兽药按照用途可以分为麻醉药品、呼吸系统药品、消化系统药品、抗生素等。

● 兽药按照分类管理方式有处方药（Rx，prescription）和非处方药（OTC，over the counter drug）之别。

● 兽药按照疗效可以分为预防用药、治疗用药、消毒剂等。

●《兽药管理条例》按照药物来源及用途，将兽药主要分为以下三类：

⊙血清制品、疫苗、诊断制品、微生态制品等生物制品。

⊙兽用中药、中成药、化学药品及其制剂。

⊙抗生素、生化药品、放射性药品及外用杀虫剂、消毒剂等。

兽药的管理

1. 兽药使用的有关规定

国家明令禁止将人用药品用于动物疾病的防治，通俗地讲，就是不能将人药和兽药混用。兽药在人民群众生活、社会和经济的健康发展方面起着重要作用，然而，由于科学知识的缺乏和经济利益的驱使，我国存在严重的兽药不合理使用甚至滥用的现象，对动物和人类的健康都构成了极大的危害。比如有些养殖户将人用抗生素头孢氨苄添加在家禽饮水中用于防止家禽的细菌感染，虽然效果很好，但其引起的后果却是很严重的。头孢类抗生素应用于家禽之后，会通过家禽的蛋和肉等动物性食物进入人的食物链，大剂量和不间断反复使用特效抗生素，极易导致细菌产生耐药性。这种耐药菌感染人以后，由于没有有效的抗生素应用而导致人死于耐药菌感染的病例越来越多，国家或有关机构投入巨资引进或研制的新药因此很快就被淘汰，而后续抗生素的研究又没有跟上，势必造成大灾难或大疫病的暴发。同理，在病毒性疾病的防治中也有相同的情况。

必须强调兽药的特殊性，首先是挽救生命，其次才是增加经济效益。有的养殖企业为了追求经济效益，置国家明文禁令于不顾，铤而走险，造成无法弥补的社会灾难，如三聚氰胺事件、运动员比赛成绩取消或遭禁赛事件、孔雀石绿事件等。

2. 兽药分类管理制度

《兽药管理条例》（国务院 404 号令，2004 年 11 月 1 日起实施）明确提出了对兽药实施分类管理的制度，应该说这是我国兽药管理与国际管理模式接轨的具体体现，同时也是我国兽药监督管理的一项重大改革。分类管理就是根据兽药安全有效、使用方便、确保动物食品安全的原则，依其品种、适应证、剂量及给药途径不同，分别按处方药和非处方药进行管理。兽药分类管理是国际上行之有效的管理模式，这种分类管理模式最早源于人用药品，是 20 世纪五六十年代西方国家在接受惨痛教训后，考虑对毒性、成瘾性药品的销售及使用进行管理和监控而产生的。这种模式现已被相关国际组织和世界上大多数国家所采纳，应用于人用药品和兽药的管理。

3. 实施兽药分类管理的意义

● 实施兽药分类管理，是公众的迫切需求　随着人民生活水平的不断提高，全社会对提高兽药安全使用水平、加强动物食品安全监管的要求越来越迫切。但是，由于我国兽药分类管理起步较晚，兽药不合理使用的现象十分严重，尤其是抗菌药的不合理使用，导致耐药菌株不断增多，不仅浪费兽药资源，而且严重威胁公众的生命健康。近几年发生的多起恶性瘦肉精中毒事件和红心鸭蛋事件，已引起全社会的广泛关注。当前儿童白血病的发病率呈上升趋势，这和氯霉素、亚硝胺类、苯及其衍生物不无一定关系。实施兽药分类管理模式，是扼制滥用药物危及畜禽和人类健康及生物安全的有效措施，既能满足人民群众对动物食品安全的需求，又能对有限的兽药资源进行保护，从而维护社会和公众利益，促进社会经济和谐健康发展。

● 实施兽药分类管理，有利于维护生态环境　在畜牧养殖过程中给动物用药后，兽药多以原形或代谢物的形式通过粪、尿等进入环境，由于其仍具生物活性，会对水、土资源造成污染，破坏生态环境，并通过食物链导致生态失衡，直接破坏生物的多样性，进而危害人类的健康和生存。实施兽药分类管理，可以有效制止兽药的滥用，减少和避免有害物对自然和生态的破坏，保护生态环境。

● 实施兽药分类管理，有利于促进养殖业的可持续健康发展　滥用药物对养殖业本身有很多的负面影响，并最终影响食品安全。通过实施无公害畜禽产品的生产基地建设、绿色畜禽产品质量标准，实施标准化生产，严格按照兽医处方合理地使用兽药，就能够减少畜牧养殖对环境的污染和对生态的破坏，进而促进畜牧业健康可持续发展。

● 实施兽药分类管理，是我国动物产品走向国际市场的必然要求　我国是养殖大国，也是动物源性食品出口大国，猪肉、鸡肉、水产品、蜂蜜等在国际市场上均占有较大的份额。过去因兽药残留超标，使出口产品被退货、销毁，以至于被暂停和拒绝进口的事件屡有发生。这些都造成了巨大的经济损失，对我国动物产品的声誉也造成恶劣影响。自 1996 年以来，欧盟每年都要对我国动物产品出口的兽医防疫、兽药管理等情况进行考察，多次对我国实行兽药分类管理提出要求，并未对我国开放动物产品市场。直到 2004 年我国新的《兽药管理条例》颁布，从法律上明确了对兽药实施分类管理，并且规定出口养殖场严格执行兽医处方药、建立用药记录制度以后，欧盟才解除了对我国动物产品的进口禁令。所以，我国动物产品要想长期打入国际市场，就必须切实执行兽药分类管理制度。

处方药与非处方药

1. 兽用处方药

兽用处方药是指凭兽医处方方可购买和使用的兽药。处方药主要包括：

● 上市的新药，对其活性或副作用还要进一步观察。

● 可产生依赖性的某些药物，如麻醉剂等。

● 本身毒性较大的药物，如抗癌药等。

● 用于治疗某些疾病所需的特殊药品，如疫苗等。

这些药物必须在兽医或其他有处方权的医疗专业人员开具处方的情况下使用。

2. 兽用非处方药

兽用非处方药是指由国务院兽医行政管理部门公布的、不需要凭兽医处方就可以"在柜台上"自行购买并按照说明书使用的兽药，其药品说明书上标有"OTC"。养殖户根据动物的疾病特征在普通兽药店就可以购买非处方药，并根据说明书上的使用方法和使用剂量进行用药。

我国非处方药目录中明确规定药物的使用时间、疗程，并强调指出"如症状未缓解或消失应向兽医咨询"。

处方药和非处方药不是药品本质的属性，也不能据此区分药品质量的好坏，而只是一种管理上的界定。无论是处方药还是非处方药，都是经过国家兽医药品监督管理部门批准的，其安全性和有效性是有保障的。其中非处方药主要用于治疗购买者可以自行诊断、自行治疗的常见轻微疾病，如感冒等。

假冒伪劣兽药的界定

1. 什么是假兽药

医院或药店销售的兽药必须符合国家兽药标准即《中华人民共和国兽药典》。《兽药管理条例》（以下简称《条例》）规定，有下列情形之一的，即为假兽药：

● 以非兽药冒充兽药或者以他种兽药冒充此种兽药的，如以人用氨苄青霉素作为兽用氨苄青霉素的。

● 兽药所含成分的种类、名称与兽药国家标准不符合的。

有下列情形之一的，按照假兽药处理：

● 国务院兽医行政管理部门规定禁止使用的。

● 依照《条例》规定应当经审查批准而未经审查批准即生产、进口的药品，或者依照《条例》规定应当经抽查检验、审查核对而未经抽查检验、审查核对即销售、进口的药品。

● 变质的药品。

● 被污染的药品。

● 所标明的适应证或者功能主治超出规定范围的药品。

2. 什么是劣兽药

有下列情形之一的，为劣兽药：

● 成分含量不符合兽药国家标准或者不标明有效成分的。

● 不标明或者更改有效期或者超过有效期的。

● 不标明或者更改产品批号的。

● 其他不符合兽药国家标准，但不属于假兽药的。

为了避免经济损失和造成严重后果，在购买兽药时务必仔细检查药品的包装、说明书各载明事项等。

3. 兽药生产企业应具备的条件

我国规定兽药生产企业必须具备以下生产条件：

● 与所生产的兽药相适应的兽医学、药学或者相关专业的技术人员。

● 与所生产的兽药相适应的厂房、设施。

● 与所生产的兽药相适应的兽药质量管理和质量检验的机构、人员、仪器设备。

● 符合安全、卫生要求的生产环境。

● 兽药生产企业必须取得国家有关部门的生产许可证。

● 所生产产品必须取得相关部门核准的生产批准文号。

● 生产兽药所需的原料、辅料，应当符合国家标准或者所生产兽药的质量要求。直接接触兽药的包装材料和容器应当符合药用要求。

● 兽药出厂前应当经过质量检验，不符合质量标准的不得出厂，兽药出厂应当附有产品质量合格证。

● 兽药必须严格按照审批的程序进行规范的 GMP（良好操作规范）生产，保证生产的产品质量合格。

4. 相关处罚规定

● 国家明文禁止生产假、劣兽药。禁止兽药经营企业经营人用药品和假、劣兽药。禁止使用假、劣兽药以及国务院兽医行政管理部门规定禁止使用的药品和其他化合物。兽药应当符合兽药国家标准。

● 兽医行政管理部门依法进行监督检查时，对有证据证明可能是假、劣兽药的，应当采取查封、扣押的行政强制措施。

● 违反《兽药管理条例》的规定，无兽药生产许可证、兽药经营许可证，生产、经营兽药的，或者虽有兽药生产许可证、兽药经营许可证，生产、经营假、劣兽药的，或者兽药经营企业经营人用药品的，有关部门应责令其停止生产、经营，没收用于违法生产的原料、辅料、包装材料及生产、经营的兽药和违法所得，并处违法生产、经营的兽药（包括已出售的和未出售的兽药）货值金额 2 倍以上 5 倍以下罚款。货值金额无法查证核实的，处 10

万元以上 20 万元以下罚款。

● 无兽药生产许可证生产兽药,情节严重的,没收其生产设备。

● 生产、经营假、劣兽药,情节严重的,吊销兽药生产许可证、兽药经营许可证。构成犯罪的,依法追究刑事责任,给他人造成损失的,依法承担赔偿责任。生产、经营企业的主要负责人和直接负责的主管人员终身不得从事兽药的生产、经营活动。

2015 年 4 月 24 日发布的《中华人民共和国食品安全法》(中华人民共和国主席令第 21 号)第 124 条第 1 款规定,生产经营致病性微生物、农药残留、兽药残留、生物毒素、重金属等污染物质以及其他危害人体健康的物质含量超过食品安全标准限量的食品、食品添加剂,尚不构成犯罪的,由县级以上人民政府食品药品监督管理部门没收违法所得和违法生产经营的食品、食品添加剂,并可以没收用于违法生产经营的工具、设备、原料等物品;违法生产经营的食品、食品添加剂货值金额不足 1 万元的,并处 5 万元以上 10 万元以下罚款;货值金额 1 万元以上的,并处货值金额 10 倍以上 20 倍以下罚款;情节严重的,吊销许可证。

话题 2 兽药使用常识

随着我国畜牧业不断走向集约化和现代化,兽药在预防、治疗、控制动物疾病,降低动物发病率与死亡率,提高饲料利用率,促生长和提高产品品质等方面都起着无法取代的作用。近年来,我国兽药行业现状已有较大改善,但企业整体技术水平与国外企业平均水平差距大,兽药质量不高,加之兽药管理法制未健全,执法、监督建设相对落后,药物的滥用、误用以及错误地将其作为促生长剂使用等都不断导致耐药菌的产生和蔓延,结果使药物药效降低，病程延长，死亡率升高，影响畜牧业发展。更重要的是耐药菌可以在动物和环境中传播，给人类健康带来潜在威胁。因此，必须安全使用兽药，加强我国兽药管理，提高食品质量和安全水平，以便更好地服务社会。

不合理使用兽药的危害

● **增加细菌的耐药性**　大量广泛地使用兽药，由于选择性压力必然会使细菌耐药性增加。尤其在经济全球化的今天，耐药菌传播速度越来越快，范围越来越广。兽药的广泛使用甚至滥用，尤其是亚剂量兽药作为促生长剂使用，使敏感菌大量死亡，耐药菌得以大量繁殖，增强了细菌的耐药性。耐药性的产生使抗菌药的药效越来越低，使用标准剂量已经不能起到防病治病的作用，而必须不断加大剂量才可能有效。这就会延长病程，增加药费，还可能引发并发症，导致死亡率升高。有的病原菌甚至由于耐药性的作用增强了致病性，导致疾病大规模流行，极大地危害动物健康，同时也会给畜牧业生产造成经济损失。细菌耐药性的问题不仅影响动物疾病的防治，而且对人类的健康还有严重的威胁。许多证据表明，动物源耐药菌可以传播给人类，给人类健康造成巨大影响，甚至威胁人类的生命安全。

● **危害公共卫生**　人如果一次性摄入大量的药物残留物，会出现急性中毒反应。一些抗菌药物如青霉素、磺胺类药物、四环素及某些氨基糖苷类抗生素能使部分人群发生过敏反应。当这些抗菌药物残留于肉食品中进入人体后，会使部分敏感人群致敏，产生抗体。当被致敏的个体再接触这些抗生素或用这些抗生素治疗时，这些抗生素就会与抗体结合生成抗原抗体复合物，发生过敏反应。2003 年以来，瘦肉精中毒事件时有发生，引起了国人的普遍担心。2005 年，浙江省的杭州、金华、嘉兴等地相继发生 6 起食物中毒事件，浙江省疾控中心在送检的食物样品中测出了不同浓度的瘦肉精。此外，某些兽药可能会引起基因突变或染色体畸变，对人类的健康造成潜在危害。

● **影响临床用药和新药研发**　首先，长期接触某种药物，可使机体体液免疫和细胞免疫功能下降，引发各种病变，形成疑难病症，或用药时产生不明原因的毒副作用，给临床诊治带来困难。其次，药物的不合理使用会给临床治疗费用带来压力。临床致病菌耐药性的不断增加，使抗生素的药效越来越低。动物养殖过程中，发生感染性疾病时，若试用几种抗菌药物均无效，不但会提高饲养成本，而且由于病程延长，会影响动物的生产性能，使养殖利润下降，甚至血本无归。同时兽药滥用给新药开发也带来压力。由于药物滥用，细菌产生耐药性的速度不断加快，耐药能力也不断加强。这使抗菌药物的使用寿命也逐渐变短，需要不断开发新的品种，以克服细菌耐药性。然而，研制新药周期长，技术要求高，资金消耗大而成功率却很低。新抗菌药开发的速度减慢，细菌的耐药性却不断加快，必将会给人类带来巨大的危害。

● **污染环境**　兽药的不合理使用对动物和人类造成的危害显而易见。近年来，随着世界各国环保意识的增强，人们越来越关注兽药在环境中的蓄积、转移、转化和对各种生物及人类健康的影响，并在国际上形成了一个新的研究热点。动物用药以后，药物以原形或代谢物的形式随粪、尿等排泄物排出，残留于环境中。绝大多数兽药排入环境以后仍然具有活性，会对土壤微生物、水生生物及昆虫等造成影响，尤其是驱虫药和抗菌药对环境的危害较大。

随着人们对动物源性食品需求量的增加，兽药的科学使用也越来越成为全社会关注的问题。兽药的不合理使用，不仅不利于养殖业的健康发展，而且对人民群众健康构成威胁，给我国的经济造成巨大损失。因此，做到科学合理用药具有重大的意义。

兽药的特性

兽药是一种特殊的商品，其质量要求具有独特的特性，包括安全性、有效性、可控性、稳定性。有效性与安全性构成了兽药的最基本特征。下面简要介绍一下兽药的有效性、安全性和可控性。

● 有效性　兽药的有效性是人们使用药品的唯一目的，是评价药品质量最重要和直接的指标之一。兽药必须首先要有效，起到治疗或调节的作用，如阿司匹林有良好的解热镇痛作用，头孢氨苄有明显抑杀革兰氏阳性菌的作用，被广泛用于革兰阳性菌感染病例的治疗。

● 安全性　由于兽药的作用具有两重性，其不良反应是客观存在的。俗话说，"是药三分毒"，说的就是药品的毒副作用。所以，安全性也是评价药品最重要的指标之一，在处方剂量或适宜剂量下使用兽药必须是安全可靠的，不能引起较强的毒副反应或普遍的副反应。通过安全试验可以了解药品在正常使用剂量及途径时对机体可能产生的有害作用，同时也可了解机体对超量药物的耐受程度等。临床上一般用安全指数来表示药品的安全性。

● 可控性　随着市场上药品种类与数量的增多，药品质量若无可控性，就很难保证药品的安全、有效，同时也给药品的监督管理工作带来困难。兽药生产企业应通过规范生产过程的每一个环节，保证所生产的产品质量合格，只有合格的产品才能出厂销售。

兽药经营企业应通过规范商品流通机制，保证药品的质量稳定。药品的稳定性与药品的生产、使用、运输及保管储存有很大的关系。如青霉素钾，因在水溶液中稳定性很差而只能制成注射用粉末，因遇光、热、水分子等易失效而必须于阴凉干燥处密封保存，并规定了有效期等。

兽药的安全评价

自从人类学会饲养动物供自己食用以来，就开始有了兽医和兽药。古代将兽药质量的认识归结为"验、便、廉"。"验"即疗效确切，"便"即使用方便，"廉"即价格便宜。在近代，对兽药的质量曾强调为"有效性、经济性、安全性"，仍然把"有效性"列为首位，同时强调"经济性"，因为饲养动物以其经济效益为主，如一头动物的治疗代价已超过这头动物本身的价值，那么对这头动物的治疗就无意义。至于"安全性"仍然停留在对治疗动物的安全，认为对治疗动物的毒副作用小，即为安全，甚至认为即使毒副作用大，但疗效确切，治疗成本低的兽药还是可以使用的。但是随着养殖业现代化的发展，兽药的使用已从单纯预防治疗疾病，发展到集预防和治疗疾病、促进动物生长、改善养殖产品的品质等多功能的作用为一体。药物的使用，从个体动物给药发展到群体给药。给药方式及药物的剂型也发展到注射、口服、透皮、吸入、饲料添加、饮水等多种途径。动物的不同生长阶段需给以不同的药物，给药周期有短有长。随着饲养动物品种的增加，可能是一种药物可以用于不同的动物，也可能是一种动物可以使用多种药物。兽药应用如此巨大、复杂的变化，引发了对兽药质量内涵的重新认识。现代化养殖业所需要的兽药，多归结为"安全、有效、均一、稳定、方便、经济",其中"安全性"列首位。

1. 兽药安全评价的内容

兽药的安全性评价,主要涉及以下几个方面的内容。

● 对用药动物的安全性,不仅要考虑一般的毒副作用,还应特别注意用药后在动物性产品内的残留问题和对用药动物的特殊毒性(包括致畸、致癌、致突变等)。

● 对兽药生产者及使用者的安全性。

● 对兽药生产环境及使用环境的安全性。

● 对养殖产品的食用者、使用者的安全性。

在这里"安全性"已从对用药动物的安全性,转移到对人类的安全性,这是对兽药"安全性"概念的根本转移。一种兽药即使治疗效果非常好,但若其安全性达不到要求,最终仍将被禁止或限制使用。

2. 兽药安全评价的目的

新兽药上市之前进行安全性评价的目的有 4 个,即保障人类食品消费安全、靶动物安全、环境安全和兽药生产与使用者安全。其中最重要的是保障人类食品消费安全。

3. 兽药安全评价的方法

安全评价的做法是对上市之前新兽药进行急性、亚急性、慢性毒性(简称"三性")和致突变、致畸胎、致癌(简称"三致")评价。主要是通过动物实验发现新兽药的单剂量和多剂量给药时产生的毒性作用,通过体内、体外实验模型发现新兽药的"三致"作用,从而发现最敏感的靶动物种类和最低无作用剂量。

兽药慎用、忌用与禁用的区别

无论处方药还是非处方药，药品说明书必须包含有关药品安全性、有效性方面的基本科学信息。药品说明书应列有以下内容：药品名称（通用名、英文名、汉语拼音、化学名称、分子式、相对分子质量、结构式，复方制剂与生物制品应注明成分）、性状、药理毒理、药代动力学、适应证、用法用量、不良反应、禁忌证、注意事项、药物剂量、有效期、储藏、批准文号、生产企业等内容。禁忌证是药品说明书的法定内容，不是可有可无，而是必须反映的内容。同药品必须规定有适应证一样，在说明书中必须明示禁忌证。但需强调的是禁忌证是药品特殊性的表现，切不可认为有禁忌证的药品不安全，而放弃选用。

要正确认识药品的禁忌证。要了解药品的禁忌证，必须明确什么是药品的禁忌证。药品的禁忌证是相对于适应证而言，指药品不适宜应用于动物某些疾病、情况或特定的动物，或应用后反而会引起某些不良反应。如瘤胃动物不宜大量使用抗生素，否则容易引起动物消化不良等。根据禁忌的程度不同，通常将药品的禁忌证分为慎用、忌用和禁用三种类型。对药品说明书中明示的不同类型的具体禁忌要求，必须严格按药品说明书规范用药行为。对不能适应的药物，用药时应予禁止。

● 兽药慎用 用药时要注意观察，如出现某些不良反应时，应立即停药。通常要慎用的多是指幼畜或体质较差的珍稀动物或器官功能存在缺陷的动物个体等。这些特殊动物有某些病理因素，使机体对一些药物容易出现不良反应，故对一些药物不能轻易使用。一般来说，慎用的药品应在兽医指导下应用。

● **兽药忌用**　忌用就是避免使用或最好不用。这是因为某些动物服用忌用的药物后可能出现明显的不良反应和不良后果。如具肝肾毒性的药物，对肝肾功能不良的病畜就要忌用，否则会进一步加重肝肾功能损害，并干扰药物的代谢和排泄，使药物的体内过程和作用复杂化。所以，忌用的药品通常最好不用，应以相应的不良反应小的药品代替。

● **兽药禁用**　禁用就是没有任何选择的余地，严禁使用的药物。一旦误用，将会出现严重的不良反应。如对青霉素过敏的动物禁用青霉素，一旦应用就会出现过敏反应甚至过敏性休克，抢救不力还有可能造成生命危险。此处的禁用兽药并不是指食品安全中国家明令规定的禁用药品，如瘦肉精若用于饲料添加来促进动物瘦肉率的增加，属于违禁药品，而如果用于个体动物适应证疾病的治疗，则不属于违禁药品。兽药禁忌则是指该药品在疗效方面对于某种或某些疾病不适宜，容易引起严重的不良反应，必须禁止使用。

妊娠哺乳期动物的用药禁忌

尽管目前数据有限，但已证明药物对妊娠期任何阶段的胎儿都有不利影响。在估计其他物种动物对药物的安全性时，可参考生产厂家提供的对实验动物的药物作用的资料。

● **在妊娠期投药可能引起先天性畸形（畸胎生成）或新生动物的疾病**　已知的能引起动物畸胎生成的药物包括苯并咪唑，如丙硫咪唑、噻苯咪唑和苯亚砜咪胺酯等，尤其是高剂量时。引起先天性畸形的药物还包括皮质类甾醇、灰黄霉素、酮康唑和氨甲喋呤等。许多药物能穿过胎盘屏障而对胎儿或新生动物造成危害，鸦片类药物和巴比妥类药物可影响呼吸，氯磺丙脲和甲糖宁可能引起低血糖，水杨酸可能引起畸胎，延长使用时间可引起出血的危险。四环素可引起后代牙齿变色，皮质类甾醇可引起畸胎，并影响骨骼钙化。包括雄激素、合成类甾醇和孕酮在内的类甾醇激素，可影响后代出生前的性腺发育。

● 药物可引起妊娠终止或产出未成熟胎儿　皮质类甾醇和一些前列腺素及肾上腺素受体促进剂可诱发流产。前列腺素用于治疗性的终止牛的早期妊娠，并可诱发牛和猪的分娩。当用于早期分娩时，应计算妊娠时间，以最大限度地减少后代死亡。

● 药物可以延长正常的分娩时间　氨哮素是可用做支气管扩张和减弱子宫活力的药，在用于呼吸性疾病治疗时，应于分娩前停止使用。

● 在泌乳期，脂溶性药物可从全身循环到达乳中　乳中的药物浓度受血浆蛋白结合程度、药物的脂溶性以及电离程度的影响，药物在动物乳汁中的浓度远远高于动物血液循环中的浓度，这样通过哺乳药物可能会对幼畜产生不良影响，因此，对哺乳期母畜的任何治疗必须慎重。有些药物如阿托品、溴麦角环肽和速尿可能抑制泌乳，引起无乳症。

科学合理用药

1. 规范兽医操作

● 做到科学合理使用兽药，是减少细菌耐药性、杜绝兽药残留、保证食品安全、维护人类健康的关键。兽药使用环节的规范和要求很多，其中建立用药记录、遵守休药期、执行兽药不良反应报告制度，对保障兽药安全使用、确保动物源性食品的安全非常重要。

● 《兽药管理条例》第 38 条至第 40 条规定：兽药使用单位，应当遵守国务院兽医行政管理部门制定的兽药安全使用规定，并建立用药记录。禁止使用假、劣兽药以及国务院兽医行政管理部门规定禁止使用的药品和其他化合物，禁止使用的药品和其他化合物目录由国务院兽医行政管理部门制定公布。有休药期规定的兽药用于食用动物时，饲养者应当向购买者或屠宰者提供准确、真实的用药记录；购买者或者屠宰者应当确保动物及其产品在用药期、休药期内不被用于食品消费。

2. 实施兽药残留监控

● 做到合理、安全使用兽药，还必须有效地减少和控制药物的残留，定期对畜禽进行药物残留监测。在全球动物疫情多发的背景下，畜牧业对兽药的需求量在增长，而消费市场对动物产品兽药残留问题的监管也越来越严格。

● 兽药残留不仅可以直接对人体产生急、慢性毒性作用，引起细菌耐药性的增加，还可以通过环境和食物链的作用间接对人体健康造成潜在危害。随着公众健康环保意识的提高，兽药残留逐渐成为全球性关注的一个热点问题。

● 应加快国家、部、省三级兽药残留监控机构的建立，实施残留监控计划，加大监控力度，定期发布兽药残留状况报告，促使畜禽产品由数量型向质量型转换，使兽药残留超标的产品无销路、无市场，迫使广大养殖场（户）遵守休药期的规定，科学合理使用兽药，控制兽药残留。

3. 实施兽药分类管理

● 兽药分类管理是根据兽药安全有效、使用方便、确保动物食品安全的原则，依其品种、适应证、剂量及给药途径不同，分别按处方药和非处方药进行管理。

● 处方药必须凭兽医处方购买并由兽医使用或在兽医的监督下使用，非处方药由饲养者自行购买和使用。

● 处方兽药一般为抗生素、抗微生物药、麻醉药品、精神药品、毒性药等。若不依据处方滥用此类药物，药物极易在动物体内残留，人食用该动物食品后，就会产生毒副反应，从而危害人体健康。特别是抗菌药的不合理使用，会造成畜禽机体免疫力下降，引起动物菌群平衡发生紊乱，耐药菌株不断增多，动物疾病难以控制，若加大剂量治疗，又造成食品安全问题，形成恶性循环。所以，将兽药按处方药与非处方药进行分类管理，对杜绝兽药滥用、保障依法合理用药和动物源性食品安全有重大意义，也是保护生态环境、维护人类健康的重要举措。

4. 抗生素类促生长剂的使用

● 在动物饲料中添加抗生素以预防疾病、改善生产性能的做法已有五十多年的历史。实践证明，正确合理地使用抗生素，能使动物疾病受到最大限度的控制。相对于注射和口服给药，饲料给药具有其他给药途径无法取代的优势。

● 但随着抗生素类促生长剂的广泛使用，伴随而来的耐药性问题也成为全球性的难题。例如，日本 1997 年发生的引起人们极大恐慌的 O-157 大肠杆菌风波及沙门氏菌食物中毒事件已被证实与畜禽致病菌的耐药性有关。1999 年美国科学家在肉鸡饲料中发现对目前所有抗菌药均有耐药性的超级恶菌。如果这些超级恶菌能使人畜致病，将会造成灾难性后果。

● 各国政府纷纷采取各种措施，欧盟等国通过立法禁止在动物饲料中滥用抗生素。1986 年瑞典开启了不使用抗菌药作饲料添加剂的先河，欧盟于 1999 年起禁止杆菌肽锌、螺旋霉素、维吉尼亚霉素和泰乐菌素四种抗生素在畜禽饲料中作为生长促进剂使用。欧盟 2006 年起全面禁止在饲料中使用抗生素类促生长剂，要求进入其市场的食用动物，在饲养阶段必须严格遵守欧盟抗生素使用的规定。

● 我国对抗生素类促生长剂方面的规定相对较少，虽然还没有完全禁止抗生素的促生长应用，但要求严格执行使用安全间隔期或者休药期的规定，不得使用国家明令禁止的兽药及其制品。要求严格执行畜禽产品中的兽药残留限量标准，禁止生产、经营兽药残留超标的畜禽产品。

● 2015 年 7 月 20 日，农业部印发《全国兽药（抗菌药）综合治理五年行动方案（2015–2019 年）》的通知。将利用五年的时间，对兽用抗菌药滥用及非法兽药开展系统、全面的综合治理行动，严厉打击违法违规行为，进一步规范兽用抗菌药生产、经营和使用，全面提升兽用抗菌药滥用及非法兽药管控能力，促进养殖业持续健康发展，努力确保不发生重大动物产品质量安全事件。

⊙治理的重点区域　畜禽养殖主产区、畜禽产品生产加工主产区、水产养殖主产区、兽用抗菌药生产及经营集中区。

⊙治理的重点产品　重点查处未经农业部批准使用的兽用抗菌药及农业部公告第 193 号、第 560 号公布的禁用兽药，农业部通报的假劣兽用抗菌药（包括非法企业生产的假兽药、合法企业生产的套用文号的假兽药等），标签和说明书中擅自改变组方、规格、用法用量以及夸大适应证的兽用抗菌药，涉嫌添加兽药标准以外药物成分的兽用抗菌药以及非法添加兽用抗菌药的其他兽药品种，标准已废止且其产品已超过市场流通期限的兽用抗菌药，未取得《进口兽药注册证书》或未办理《进口兽药通关单》等非法进口的兽用抗菌药，禁用和假劣药物饲料添加剂。

⊙治理的重点对象 畜禽规模养殖场（小区），规模化水产养殖企业（场、户），兽用化学药品经营企业（零售药店），兽用化学药品生产企业，饲料生产企业（重点为使用药物饲料添加剂生产饲料的企业），基层畜牧兽医站药房，从事畜禽疾病、鱼病诊疗活动的单位和个人。

话题3 施用兽药动物的分类

为了保证畜牧业和养殖业的快速、健康和安全发展，有必要对各种动物进行预防性和治疗性给药。兽药在保障我国畜牧业和养殖业安全快速健康发展中起到了不可替代的作用，但是盲目地追求经济效益而滥用兽药，将会引起极其严重的后果。因此有必要详细了解施用兽药的动物及其养殖用途与养殖目的，有计划地施药，促进养殖业的良好发展。

随着经济的发展，动物源性食品逐渐成为人类赖以生存的主要食品，食物链富集作用或外源性污染都会导致有毒有害化学物质在可食用的动物性组织（包括肉、蛋、奶等）中的残留，从而可能引起人类发生急性或者慢性食物中毒，引发食品安全事件，危及社会公共安全。保障动物源性食品的安全要求人们使用兽药时必须谨慎。

食用动物

1. 食用动物及其饲养规定

● 食用动物定义　生产和提供动物源性食品的动物为食用动物。食用动物经过屠宰、加工后得到的可食用产品，或是食用动物本身生产的可食用产品，如蛋、乳等，为动物源性食品。

● **饲养规定** 食用动物应按《中华人民共和国动物防疫法》（以下简称《动物防疫法》）和《兽药管理条例》的规定，防治动物疾病，合理用药。饲养过程中禁止使用假、劣兽药以及国务院兽医行政管理部门规定禁止使用的药品和其他化合物。

2. 食用动物的兽药残留问题

● 兽药在食用动物中的残存，就是食用动物兽药残留。随着畜牧业和兽药科技的发展，人们大量使用兽药及其添加剂，虽然达到了增产增收和防病治病的目的，但由于兽药违禁使用、不当使用或过度使用等原因，兽药残留成为影响食品安全的重要因素之一。

● 兽药和饲料添加剂在预防和治疗动物疾病、促进动物生长、提高饲料转化率、控制生殖周期及繁殖功能、改善饲料适口性和动物源性食品风味等方面起着重要作用。大多数食用动物需长期使用至少一种药物，在家禽生产中90%的抗生素被作为兽药添加剂。残留在食用动物体内的兽药及其添加剂随着食物链进入人体，对人类健康构成潜在的威胁。

● 通过各种方法给食用动物用药，以防治疾病、保障生产或维持动物健康。如果不按规定用药或兽药的产品毒性较大、质量差，或恶意使用违禁药物，加之屠宰与出售时不遵守休药期规定，在检测水平较低的情况下便出现兽药残留远远超标的危险倾向。

为此我国规定了食用动物允许使用的兽药种类和动物源性食品中兽药残留的限量要求。

3. 相关名词解释

● **兽药残留** 食用动物用药后，动物产品的任何食用部分中与所用药物有关的物质的残留，包括原形药物或 / 和其代谢产物。

● 总残留　对食用动物用药后，动物产品的任何食用部分中药物原型或 / 和其所有代谢产物的总和。

● 最大残留限量（MRL）　对食用动物用药后产生的允许存在于食物表面或内部的该兽药残留的最大量或浓度（以鲜重计，表示为 μg/kg）。

● 食用动物　本身或其产品供人食用的各种动物。

● 鱼　众所周知的一种水生冷血动物，包括鱼纲、软骨鱼和圆口鱼，不包括水生哺乳动物、无脊椎动物和两栖动物。但应注意，此定义可适用于某些无脊椎动物，特别是头足动物。

● 家禽　包括鸡、火鸡、鸭、鹅、珍珠鸡和鸽在内的家养的禽。

● 动物源性食品　全部可食用的动物组织以及蛋和奶。

● 可食组织　全部可食用的动物组织，包括肌肉、脏器等。

● 皮 + 脂　带脂肪的可食皮肤。

● 皮 + 肉　一般特指鱼的带皮肌肉组织。

● 副产品　除肌肉、脂肪以外的所有可食组织，包括肝、肾等。

● 肌肉　仅指肌肉组织。

● 蛋　家养母鸡的带壳蛋。

● 奶　由正常乳房分泌而得，经一次或多次挤奶，既无加入也未经提取的奶。此术语也可用于处理过但未改变其组分的奶，或根据国家立法已将脂肪含量标准化处理过的奶。

宠物或伴侣动物

宠物也称伴侣动物，是指出于娱乐或者陪伴目的而在某类场所特别是在家庭被人们拥有或者意图拥有的任何驯化动物，包括猫、犬、鸟、马、鹦鹉等。宠物使用兽药的限制比较少，可以依据临床需要，不受食用动物用药的各种限制，但《兽药管理条例》《饲料和饲料添加剂管理条例》等明令禁止使用的兽药、饲料添加剂或其他药品，同样不能在宠物上应用。

经济动物

经济动物泛指一切具有经济价值的动物。凡是以提供劳作或以食物、毛发、皮、毛皮、医药原料等的生产为目的而饲养或者拥有的动物，都可以称为经济动物，其主要包括：

● 肉牛、家猪、山羊、绵羊、马、驴、兔等肉用动物和奶牛等提供食品的动物。

● 耕牛、骡子、马、驴等工作动物。

● 山羊、绵羊、狐狸、貂、兔等皮毛动物。

● 鸡、鸭、鹅、鹌鹑等禽类动物。

● 淡水鱼、海鱼、水生哺乳类动物等水生动物。

● 甲鱼、龟、蛇、鳄鱼等爬行类动物。

● 牛蛙等两栖类动物。

● 有经济价值的珍稀动物。

经济动物不受《兽药管理条例》《饲料和饲料添加剂管理条例》等的限制，但其中食用动物必须遵守农业部关于食用动物限制使用的兽药的规定，且必须遵守有关的休药期。其他经济动物可以和宠物一样，灵活地使用各种《兽药管理条例》规定允许使用的兽药和各种饲料添加剂。

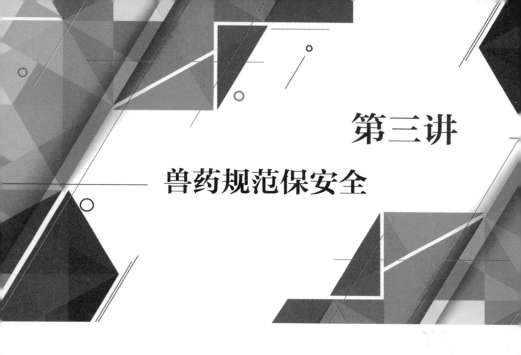

第三讲

兽药规范保安全

导读

　　兽药使用有规范，条文颁布已在先，遵照使用保安全，说与诸君莫嫌烦。

话题 1　饲料添加剂安全使用规范

根据《饲料和饲料添加剂管理条例》的有关规定，为指导饲料企业和养殖单位科学合理使用饲料添加剂，提高饲料和养殖产品质量安全水平，保护生态环境，促进饲料产业和养殖业持续健康发展，农业部制定了《饲料添加剂安全使用规范》（农业部公告第 1224 号），于 2009 年 6 月 18 日发布执行。其中包括氨基酸使用规范、维生素使用规范、微量元素使用规范与常量元素使用规范。

氨基酸使用规范

氨基酸（amino acid）是构成生物功能大分子蛋白质（protein）的基本单位，蛋白质是生物体内最重要的活性分子之一，包括催化新陈代谢的酶。氨基酸在动物机体内既不可缺少，也不能过剩，否则都可能造成动物机体的疾病发生。氨基酸缺乏可造成动物的营养缺乏病，而氨基酸过剩则有可能引起动物的中毒。所以说，氨基酸不仅是畜禽水产动物等所必需的，也属于兽药，使用也要规范化，具体规范见表 3—1。

维生素使用规范

维生素是动物生长和代谢所必需的微量有机物，分为脂溶性

表3—1 氨基酸使用规范

通用名称	来源	含量规格（%）		适用动物	在配合饲料或全混合日粮中的推荐用量（以氨基酸计，%）	在配合饲料或全混合日粮中的最高限量（以氨基酸计，%）	其他要求
		以氨基酸盐计	以氨基酸计				
L-赖氨酸盐酸盐	发酵生产	≥98.5（以干基计）	≥78.0（以干基计）	养殖动物	0~0.5	—	—
L-赖氨酸硫酸盐及其发酵副产物（产自谷氨酸棒杆菌）	发酵生产	≥65.0（以干基计）	≥51.0（以干基计）	养殖动物	0~0.5	—	—
DL-蛋氨酸	化学制备	—	≥98.5	养殖动物	0~0.2	鸡 0.9	—
L-苏氨酸	发酵生产	—	≥97.5（以干基计）	养殖动物	畜禽 0~0.3 鱼类 0~0.3 虾类 0~0.8	—	—
L-色氨酸	发酵生产	—	≥98.0	养殖动物	畜禽 0~0.1 鱼类 0~0.1 虾类 0~0.3	—	—

续表

通用名称	来源	含量规格（%）		适用动物	在配合饲料或全混合日粮中的推荐用量（以氨基酸计,%）	在配合饲料或全混合日粮中的最高限量（以氨基酸计,%）	其他要求
		以氨基盐计	以氨基酸计				
蛋氨酸羟基类似物	化学制备	—	≥88.0（以蛋氨酸羟基类似物计）	猪、鸡、牛	猪 0~0.11 鸡 0~0.21 牛 0~0.27（以蛋氨酸羟基类似物计）	鸡 0.9（以蛋氨酸羟基类似物计）	—
蛋氨酸羟基类似物钙盐	化学制备	≥95.0(以干基计)	≥84.0（以蛋氨酸羟基类似物计,干基）	猪、鸡牛	猪 0~0.11 鸡 0~0.21 牛 0~0.27（以蛋氨酸羟基类似物计）	鸡 0.9（以蛋氨酸羟基类似物计）	—
N-羟甲基蛋氨酸钙	化学制备	≥98.0	≥67.6（以蛋氨酸计）	反刍动物	牛 0~0.14（以蛋氨酸计）	—	—

维生素和水溶性维生素两大类。脂溶性维生素包括维生素 A、维生素 D、维生素 E、维生素 K 等，水溶性维生素包括 B 族维生素和维生素 C。动物缺乏维生素时不能正常生长，并引发特异性病变，即维生素缺乏症。而过量使用脂溶性维生素，也有可能引起动物的相应中毒症。维生素使用规范见表 3—2。

微量元素使用规范

微量元素通常指生物有机体中含量小于 0.01% 的化学元素，有广义与狭义之分。广义的微量元素泛指自然界或自然界的各种物体中含量很低或者很分散而不富集的元素，而狭义的微量元素则是指动植物体内含量很少、需要量很少的必需元素。微量元素虽然在动物体内的含量不多，但与动物的生存和健康息息相关，对动物的生命至关重要。微量元素摄入过量、不足、不平衡或缺乏，都会不同程度地引起动物机体生理异常或疾病。微量元素使用规范见表 3—3。

常量元素使用规范

常量元素是指动物体内含量均超过总质量 0.01% 的钙、磷、镁、钠、钾、氯等元素。这类元素在动物体内所占比例较大，有机体需要量较多，是构成有机体的必备元素，既不可缺，也不能过多。常量元素使用规范见表 3—4。

表3—2 维生素使用规范

通用名称	来源	含量规格		适用动物	在配合饲料或全混合日粮中的推荐添加量（以维生素计，IU/kg）	在配合饲料或全混合日粮中的最高限量（以维生素计，IU/kg）	其他要求
		以化合物计	以维生素计（IU/g）				
维生素A乙酸酯	化学制备	—	粉剂：≥ 5.0×10^5 油剂：≥ 2.5×10^6	养殖动物	猪 1 300~4 000 肉鸡 2 700~8 000 蛋鸡 1 500~4 000 牛 2 000~4 000 羊 1 500~2 400 鱼类 1 000~4 000	仔猪 16 000，育肥猪 6 500，怀孕母猪 12 000，泌乳母猪 7 000，犊牛 25 000，育肥和泌乳牛 10 000，干奶牛 20 000，14 日龄前的蛋鸡和肉鸡 20 000，14 日龄以后的蛋鸡和肉鸡 10 000，28 日龄以前的肉用火鸡 20 000，28 日龄后的火鸡 10 000	—
维生素A棕榈酸酯	化学制备	—	粉剂：≥ 2.5×10^5 油剂：≥ 1.7×10^6				—
β-胡萝卜素	提取、发酵生产或化学制备	≥ 96.0%	—	养殖动物	奶牛 5~30 mg/kg（以 β-胡萝卜素计）	—	—

续表

通用名称	来源	含量规格		适用动物	在配合饲料或全混合日粮中的推荐添加量（以维生素计，IU/kg）	在配合饲料或全混合日粮中的最高限量（以维生素计，IU/kg）	其他要求
		以化合物计（IU/g）	以维生素计（IU/g）				
盐酸硫胺（维生素 B_1）	化学制备	98.5%~101.0%（以干基计）	87.8%~90.0%（以干基计）	养殖动物	猪 1~5 mg/kg 家禽 1~5 mg/kg 鱼类 5~20 mg/kg	—	—
硝酸硫胺（维生素 B_1）	化学制备	98.0%~101.0%（以干基计）	90.1%~92.8%（以干基计）	养殖动物		—	—
核黄素（维生素 B_2）	化学制备或发酵生产	—	98.0%~102.0% 96.0%~102.0% ≥80.0%（以干基计）	养殖动物	猪 2~8 mg/kg 家禽 2~8 mg/kg 鱼类 10~25 mg/kg	—	—
盐酸吡哆醇（维生素 B_6）	化学制备	98.0%~101.0%（以干基计）	80.7%~83.1%（以干基计）	养殖动物	猪 1~3 mg/kg 家禽 3~5 mg/kg 鱼类 3~50 mg/kg	—	—
氰钴胺（维生素 B_{12}）	发酵生产	—	≥96.0%（以干基计）	养殖动物	猪 5~33 μg/kg 家禽 3~12 μg/kg 鱼类 10~20 μg/kg	—	—

续表

通用名称	来源	含量规格		适用动物	在配合饲料或全混合日粮中的推荐添加量(以维生素计, IU/kg)	在配合饲料或全混合日粮中的最高限量(以维生素计, IU/kg)	其他要求
		以化合物计	以维生素计(IU/g)				
L-抗坏血酸（维生素C）	化学制备或发酵生产	—	99.0%~101.0%	养殖动物	猪 150~300 mg/kg 家禽 50~200 mg/kg 犊牛 125~500 mg/kg 罗非鱼、鲫鱼、鱼苗 300 mg/kg 鱼种 200 mg/kg 青鱼、虹鳟鱼、蛙类 100~150 mg/kg 草鱼、鲤鱼 300~500 mg/kg	—	—
L-抗坏血酸钙	化学制备	≥98.0%	≥80.5%				—
L-抗坏血酸钠	化学制备或发酵生产	≥98.0%	≥87.1%				—
L-抗坏血酸-2-磷酸酯	化学制备	—	≥35.0%				—
L-抗坏血酸-6-棕榈酸酯	化学制备	≥95.0%	≥40.3%				—

续表

通用名称	来源	含量规格		适用动物	在配合饲料或全混合日粮中的推荐添加量（以维生素计，IU/kg）	在配合饲料或全混合日粮中的最高限量（以维生素计，IU/kg）	其他要求
		以化合物计	以维生素计（IU/g）				
维生素 D₂	化学制备	≥ 97.0%	4.0 × 10⁷	养殖动物	猪 150~500 牛 275~400 羊 150~500	猪 5 000（仔猪代乳料 10 000） 家禽 5 000 牛 4 000 （犊牛代乳料 10 000） 羊、马 4 000 鱼类 3 000 其他动物 2 000	饲料中维生素 D₃ 不能与维生素 D₂ 同时使用
维生素 D₃	化学制备或提取	—	油剂：≥ 1.0 × 10⁶ 粉剂：≥ 5.0 × 10⁵	养殖动物	猪 150~500 鸡 400~2 000 鸭 500~800 鹅 500~800 牛 275~450 羊 150~500 鱼类 500~2 000	—	—
DL-α-生育酚乙酸酯（维生素 E）	化学制备	油剂：≥ 92.0% 粉剂：≥ 50.0%	油剂：≥ 920 粉剂：≥ 500	养殖动物	猪 10~100 鸡 10~30 鸭 20~50 鹅 20~50 牛 15~60 羊 10~40 鱼类 30~120		

续表

通用名称	来源	含量规格		适用动物	在配合饲料或全混合日粮中的推荐添加量(以维生素计,IU/kg)	在配合饲料或全混合日粮中的最高限量(以维生素计,IU/kg)	其他要求
		以化合物计	以维生素计(IU/g)				
亚硫酸氢钠甲萘醌	化学制备	≥96.0% ≥98.0%	≥50.0% ≥51.0% (以甲萘醌计)			—	—
二甲基嘧啶醇亚硫酸甲萘醌	化学制备	≥96.0%	≥44.0% (以甲萘醌计)	养殖动物	猪 0.5 mg/kg 鸡 0.4~0.6 mg/kg 鸭 0.5 mg/kg 水产动物 2~16 mg/kg (以甲萘醌计)	猪 10 mg/kg 鸡 5 mg/kg (以甲萘醌计)	—
亚硫酸氢烟酰胺甲萘醌	化学制备	≥96.0%	≥43.7% (以甲萘醌计)			—	—

续表

通用名称	来源	含量规格		适用动物	在配合饲料或全混合日粮中的推荐添加量（以维生素计，IU/kg）	在配合饲料或全混合日粮中的最高限量（以维生素计，IU/kg）	其他要求
		以化合物计	以维生素计（IU/g）				
烟酸	化学制备	—	99.0%~100.5%（以干基计）	养殖动物	仔猪 20~40 mg/kg 生长肥育猪 20~30 mg/kg 蛋雏鸡 30~40 mg/kg 育成蛋鸡 10~15 mg/kg 产蛋鸡 20~30 mg/kg 肉仔鸡 30~40 mg/kg 奶牛 50~60 mg/kg （精料补充料） 鱼虾类 20~200 mg/kg	—	—
烟酰胺	化学制备	—	≥ 99.0%				—

续表

通用名称	来源	含量规格		适用动物	在配合饲料或全混合日粮中的推荐添加量（以维生素计，IU/kg）	在配合饲料或全混合日粮中的最高限量（以维生素计，IU/kg）	其他要求
		以化合物计	以维生素计（IU/g）				
D-泛酸钙	化学制备	98.0%~101.0%（以干基计）	90.2%~92.9%（以干基计）	养殖动物	仔猪 10~15 mg/kg 生长肥育猪 10~15 mg/kg 蛋雏鸡 10~15 mg/kg 育成蛋鸡 10~15 mg/kg 产蛋鸡 20~25 mg/kg 肉仔鸡 20~25 mg/kg 鱼类 20~50 mg/kg	—	—
DL-泛酸钙	化学制备	≥99.0%	≥45.5%		仔猪 20~30 mg/kg 生长肥育猪 20~30 mg/kg 蛋雏鸡 20~30 mg/kg 育成蛋鸡 20~30 mg/kg 产蛋鸡 40~50 mg/kg 肉仔鸡 40~50 mg/kg 鱼类 40~100 mg/kg	—	—

续表

通用名称	来源	含量规格		适用动物	在配合饲料或全混合日粮中的推荐添加量（以维生素计，IU/kg）	在配合饲料或全混合日粮中的最高限量（以维生素计，IU/kg）	其他要求
		以化合物计	以维生素计（IU/g）				
叶酸	化学制备	—	95.0%~102.0%（以干基计）	养殖动物	仔猪 0.6~0.7 mg/kg 生长肥育猪 0.3~0.6 mg/kg 雏鸡 0.6~0.7 mg/kg 育成蛋鸡 0.3~0.6 mg/kg 产蛋鸡 0.3~0.6 mg/kg 肉仔鸡 0.6~0.7 mg/kg 鱼类 1.0~2.0 mg/kg	—	—
D-生物素	化学制备	—	≥97.5%	养殖动物	猪 0.2~0.5 mg/kg 蛋鸡 0.15~0.25 mg/kg 肉鸡 0.2~0.3 mg/kg 鱼类 0.05~0.15 mg/kg	—	—

续表

通用名称	来源	含量规格		适用动物	在配合饲料或全混合日粮中的推荐添加量（以维生素计，IU/kg）	在配合饲料或全混合日粮中的最高限量（以维生素计，IU/kg）	其他要求
		以化合物计	以维生素计（IU/g）				
氯化胆碱	化学制备	水剂：≥70.0% 或≥75.0% 粉剂：≥50.0% 或≥60.0%（粉剂以干基计）	水剂：≥52.0% 或≥55.0% 粉剂：≥37.0% 或≥44.0%（粉剂以干基计）	养殖动物	猪200~1 300 mg/kg 鸡450~1 500 mg/kg 鱼类400~1200 mg/kg	—	用于牛奶时，产品应作保护处理
肌醇	化学制备	—	≥97.0%（以干基计）	养殖动物	鲤科鱼250~500 mg/kg 鲑鱼，虹鳟鱼300~400 mg/kg 鳗鱼500 mg/kg 虾类200~300 mg/kg	—	—

续表

通用名称	来源	含量规格		适用动物	在配合饲料或全混合日粮中的推荐添加量(以维生素计,IU/kg)	在配合饲料或全混合日粮中的最高限量(以维生素计,IU/kg)	其他要求
		以化合物计	以维生素计(IU/g)				
L-肉碱	化学制备或发酵生产	—	97.0%~103.0%(以干基计)	养殖动物	猪 30~50 mg/kg(乳猪 300~500 mg/kg) 家禽 50~60 mg/kg 雏鸡(1周龄肉雏鸡 150 mg/kg) 鲤鱼 5~10 mg/kg 虹鳟鱼 15~120 mg/kg 鲑鱼 45~95 mg/kg 其他鱼 5~100 mg/kg	猪 1000 mg/kg 家禽 200 mg/kg 鱼类 2 500 mg/kg	—
L-肉碱盐酸盐	化学制备或发酵生产	97.0%~103.0%(以干基计)	79.0%~83.8%(以干基计)				—

注:由于测定方法存在精密度和准确度的问题,部分维生素类饲料添加剂的含量规格是范围值,若测量误差为正,则检测值可能超过100%,故部分维生素类饲料添加剂含量规格出现超过100%的情况。

表3—3 微量元素使用规范

微量元素	化合物通用名称	来源	含量规格（%）		适用动物	在配合饲料或全混合日粮中的推荐添加量（以元素计，mg/kg）	在配合饲料或全混合日粮中的最高限量（以元素计，mg/kg）	其他要求
			以化合物计	以元素计				
铁：来自以下化合物	硫酸亚铁	化学制备	≥91.0 ≥98.0	≥30.0 ≥19.7	养殖动物	猪 40~100 鸡 35~120 牛 10~50 羊 30~50 鱼类 30~200	仔猪（断奶前） 250 mg/（头·日） 家禽 750 牛 750 羊 500 宠物 1 250 其他动物 750	—
	富马酸亚铁	化学制备	≥93.0	≥29.3				—
	柠檬酸亚铁	化学制备	—	≥16.5				—
	乳酸亚铁	化学制备或发酵生产	≥97.0	≥18.9				—

续表

| 微量元素 | 化合物通用名称 | 来源 | 含量规格（%） | | 适用动物 | 在配合饲料或全混合日粮中的推荐添加量（以元素计，mg/kg） | 在配合饲料或全混合日粮中的最高限量（以元素计，mg/kg） | 其他要求 |
			以化合物计	以元素计				
铜：来自以下化合物	硫酸铜	化学制备	≥98.5	≥35.7	养殖动物	猪 3~6 家禽 0.4~10.0 牛 10 羊 7~10 鱼类 3~6	仔猪（≤30 kg）200 生长肥育猪（30~60 kg）150 生长肥育猪（≥60 kg）35 种猪 35 家禽 35 牛精料补充料 35 羊精料补充料 25 鱼类 25	—
	碱式氯化铜	化学制备	≥98.0	≥58.1	猪、鸡	猪 2.6~5.0 鸡 0.3~8.0	仔猪（≤30 kg）200 生长肥育猪（30~60 kg）150 生长肥育猪（≥60 kg）35 种猪 35 鸡 35	—

续表

微量元素	化合物通用名称	来源	含量规格（%） 以化合物计	含量规格（%） 以元素计	适用动物	在配合饲料或全混合日粮中的推荐添加量（以元素计，mg/kg）	在配合饲料或全混合日粮中的最高限量（以元素计，mg/kg）	其他要求
锌：来自以下化合物	硫酸锌	化学制备	≥94.7 ≥97.3	≥34.5 ≥22.0	养殖动物	猪 40~110 肉鸡 55~120 蛋鸡 40~80 肉鸭 20~60 蛋鸭 30~60 鹅 60 肉牛 30 奶牛 40 鱼类 20~30 虾类 15	代乳料 200 鱼类 200 宠物 250 其他动物 150	—
	氧化锌	化学制备	≥95.0	≥76.3		猪 43~120 肉鸡 80~180 肉牛 30 奶牛 40	农业行业标准《饲料中锌的允许量》（NY 929—2005）自农业部第1224号公告发布之日起废止	仔猪断奶后前2周饲料中氧化锌的锌形式的添加量不超过2 250 mg/kg
	蛋氨酸锌（螯）合物	化学制备	≥90.0 —	≥17.2 ≥19.0		猪 42~116 肉鸡 54~120 肉牛 30 奶牛 40		本产品仅指蛋氨酸锌与硫酸反应的产物

续表

微量元素	化合物通用名称	来源	含量规格（%）以化合物计	以元素计	适用动物	在配合饲料或全混合日粮中的推荐添加量（以元素计，mg/kg）	在配合饲料或全混合日粮中的最高限量（以元素计，mg/kg）	其他要求
锰：来自以下化合物	硫酸锰	化学制备	≥98.0	≥31.8	养殖动物	猪 2~20 肉鸡 72~110 蛋鸡 40~85 肉鸭 40~90 蛋鸭 47~60 鹅 66 肉牛 20~40 奶牛 12 鱼类 2.4~13.0	鱼类 100 其他动物 150	—
	氧化锰	化学制备	≥99.0	≥76.6		猪 2~20 肉鸡 86~132		—
	氯化锰	化学制备	≥98.0	≥27.2		猪 2~20 肉鸡 74~113		—

续表

微量元素	化合物通用名称	来源	含量规格（%）		适用动物	在配合饲料或全混合日粮中的推荐添加量（以元素计，mg/kg）	在配合饲料或全混合日粮中的最高限量（以元素计，mg/kg）	其他要求
			以化合物计	以元素计				
碘：来自以下化合物	碘化钾	化学制备	≥98.0（以干基计）	≥74.9（以元素基计）	养殖动物	猪 0.14 家禽 0.1~1.0 牛 0.25~0.80 羊 0.1~2.0 水产动物 0.6~1.2	蛋鸡 5 奶牛 5 水产动物 20 其他动物 10	—
	碘酸钾	化学制备	≥99.0	≥58.7				—
	碘酸钙	化学制备	≥95.0[以 $Ca(IO_3)_2$ 计]	≥61.8				—
钴：来自以下化合物	硫酸钴	化学制备	≥98.0 ≥96.5 ≥97.5	≥37.2 ≥33.0 ≥20.5	养殖动物	牛、羊 0.1~0.3 鱼类 0~1	2	—
	氯化钴	化学制备	≥98.0 ≥96.8	≥39.1 ≥24.0				—
	乙酸钴	化学制备	≥98.0 ≥98.0	≥32.6 ≥23.1	反刍动物	牛、羊 0.1~0.4 鱼类 0~1.2		—
	碳酸钴	化学制备	≥98.0	≥48.5		牛、羊 0.1~0.3		—

续表

微量元素	化合物通用名称	来源	含量规格（%）		适用动物	在配合饲料或全混合日粮中的推荐添加量（以元素计，mg/kg）	在配合饲料或全混合日粮中的最高限量（以元素计，mg/kg）	其他要求
			以化合物计	以元素计				
硒（来自以下硒化合物）	亚硒酸钠	化学制备	≥98.0（以干基计）	≥44.7（以干基计）	养殖动物	畜禽 0.1~0.3 鱼类 0.1~0.3	0.5	使用时应先制成预混剂，且产品标签上应标示最大硒含量
	酵母硒（酵母在含无机硒的培养基中发酵，将无机态硒转化生成有机硒）	发酵生产	—	有机形态硒含量≥0.1				产品需标示最大有机硒含量和无机硒含量，且无机硒不得超过总硒含量的2.0%

续表

微量元素	化合物通用名称	来源	含量规格（%）		适用动物	在配合饲料或全混合日粮中的推荐添加量（以元素计，mg/kg）	在配合饲料或全混合日粮中的最高限量（以元素计，mg/kg）	其他要求
			以化合物计	以元素计				
铬：来自以下化合物	烟酸铬	化学制备	≥ 98.0	≥ 12.0	生长肥育猪	0～0.2	0.2	饲料中铬的最高限量是指有机形态铬的添加限量
	吡啶甲酸铬	化学制备	≥ 98.0	12.2～12.4				

表3—4

常量元素使用规范

常量元素	化合物通用名称	来源	含量规格(%) 以化合物计	含量规格(%) 以元素计	适用动物	在配合饲料或混合日粮中的推荐添加量(%)	在配合饲料或全混合日粮中的最高限量(%)	其他要求
钠：来自以下化合物	氯化钠	天然盐加工制取	≥91.0	Na ≥ 35.7 Cl ≥ 55.2	养殖动物	猪 0.3~0.8 鸡 0.25~0.40 鸭 0.3~0.6 牛、羊 0.5~1.0 (以NaCl计)	猪 1.5 家禽 1 牛、羊 2 (以NaCl计)	—
	硫酸钠	天然盐加工制取或化学制备	≥99.0	Na ≥ 32.0 S ≥ 22.3		猪 0.1~0.3 肉鸡 0.1~0.3 鸭 0.1~0.3 牛、羊 0.1~0.4 (以Na₂SO₄计)	0.5 (以Na₂SO₄计)	本品有轻度致泻作用，反刍动物应注意维持适当的氮硫比
	磷酸二氢钠	化学制备	98.0~103.0 (以NaH₂PO₄计，干基)	Na ≥ 18.7 P ≥ 25.3 (以NaH₂PO₄计，干基)		猪 0~1.0 家禽 0~1.5 牛 0~1.6 淡水鱼 1.0~2.0 (以NaH₂PO₄计)	—	在畜禽高饲料中较少使用，在鱼类饲料中适量添加可补充磷元素，使用磷元素时应考虑钙的适当比例及钠元素的总量
	磷酸氢二钠	化学制备	≥98.0 (以Na₂HPO₄计，干基)	Na ≥ 31.7 P ≥ 21.3 (以Na₂HPO₄计，干基)		猪 0.5~1.0 家禽 0.6~1.5 牛 0.8~1.6 淡水鱼 1.0~2.0 (以Na₂HPO₄计)	—	

续表

常量元素	化合物通用名称	来源	含量规格(%) 以化合物计	含量规格(%) 以元素计	适用动物	在配合饲料或全混合日粮中的推荐添加量(%)	在配合饲料或全混合日粮中的最高限量(%)	其他要求
钙：来自以下化合物	轻质碳酸钙	化学制备	≥98.0（以干基计）	Ca≥39.2（以干基计）	养殖动物	猪 0.4~1.1 肉禽 0.6~1.0 蛋禽 0.8~4.0 牛 0.2~0.8 羊 0.2~0.7 （以Ca元素计）	—	摄取过多钙会导致钙磷比例失调并阻碍其他微量元素的吸收
	氯化钙	化学制备	≥93.0 99.0~107.0	Ca≥33.5 Cl≥59.5 Ca≥26.9 Cl≥47.8				
	乳酸钙	化学制备或发酵生产	≥97.0（以$C_6H_{10}O_6Ca$计，干基）	Ca≥17.7（以$C_6H_{10}O_6Ca$计，干基）				
磷：来自以下化合物	磷酸氢钙	化学制备	—	P≥16.5 Ca≥20.0 P≥19.0 Ca≥15.0 P≥21.0 Ca≥14.0	养殖动物	猪 0~0.55 肉禽 0~0.45 蛋禽 0~0.4 牛 0~0.38 羊 0~0.38 淡水鱼 0~0.6 （以P元素计）	—	水产饲料中磷的使用应该充分考虑避免水体污染，符合相关标准
	磷酸二氢钙	化学制备	—	P≥22.0 Ca≥13.0				
	磷酸三钙	化学制备	—	P≥17.6 Ca≥34.0				

续表

常量元素	化合物通用名称	来源	含量规格（%）		适用动物	在配合饲料或全混合日粮中的推荐添加量（%）	在配合饲料或全混合日粮中的最高限量（%）	其他要求
			以化合物计	以元素计				
镁：来自以下化合物	氧化镁	化学制备	≥96.5	Mg≥57.9	养殖动物	泌乳牛羊 0~0.5（以MgO计）	泌乳牛羊 1（以MgO计）	—
	氯化镁	化学制备	≥98.0	Mg≥11.6 Cl≥34.3		猪 0~0.04 家禽 0~0.06 牛 0~0.4 羊 0~0.2	猪 0.3 家禽 0.3 牛 0.5 羊 0.5（以Mg元素计）	镁有致泻作用，大剂量会使致腹泻，与含量注意镁和钾的比例
	硫酸镁	化学制备或从苦卤中提取	≥99.0 ≥99.0	Mg≥17.2 S≥22.9 Mg≥9.6 S≥12.8		淡水鱼 0~0.06（以Mg元素计）	（以Mg元素计）	—

话题 2 食用动物禁用兽药及化合物

农业部于 2002 年 4 月发布 193 号公告，规定了对食用动物禁用的兽药及其他化合物，包括食用动物禁用兽药及其他化合物清单、已批准的动物源性食品中最高残留限量规定、允许作治疗用但不得在动物源性食品中检出的药物与水产品中的渔药残留限量几类。

食用动物禁用兽药及化合物清单

表 3—5 中所列药物都是严禁在相应的食用动物上使用的。使用这些药物不仅有可能造成严重的不良后果，而且是严重的违规行为，使用者要承担相应的法律后果。

表 3—5　　食用动物禁用兽药及化合物

序号	兽药及其他化合物名称	禁止用途	禁用动物
1	β-兴奋剂类：克伦特罗 Clenbuterol、沙丁胺醇 Salbutamol、西马特罗 Cimaterol 及其盐、酯及制剂	所有用途	所有食用动物
2	性激素类：己烯雌酚 Diethylstilbestrol 及其盐、酯及制剂	所有用途	所有食用动物
3	具有雌激素样作用的物质：玉米赤霉醇 Zeranol、去甲雄三烯醇酮 Trenbolone、醋酸甲孕酮 Mengestrol Acetate 及制剂	所有用途	所有食用动物

序号	兽药及其他化合物名称	禁止用途	禁用动物
4	氯霉素 Chloramphenicol 及其盐、酯(包括：琥珀氯霉素 Chloramphenicol Succinate）及制剂	所有用途	所有食用动物
5	氨苯砜 Dapsone 及制剂	所有用途	所有食用动物
6	硝基呋喃类：呋喃唑酮 Furazolidone、呋喃它酮 Furaltadone、呋喃苯烯酸钠 Nifurstyrenate sodium 及制剂	所有用途	所有食用动物
7	硝基化合物：硝基酚钠 Sodium nitrophenolate、硝呋烯腙 Nitrovin 及制剂	所有用途	所有食用动物
8	催眠、镇静类：安眠酮 Methaqualone 及制剂	所有用途	所有食用动物
9	林丹（丙体六六六）Lindane	杀虫剂	所有食用动物
10	毒杀芬（氯化烯）Camahechlor	杀虫剂、清塘剂	所有食用动物
11	呋喃丹（克百威）Carbofuran	杀虫剂	所有食用动物
12	杀虫脒（克死螨）Chlordimeform	杀虫剂	所有食用动物
13	双甲脒 Amitraz	杀虫剂	水生食用动物
14	酒石酸锑钾 Antimony potassium tartrate	杀虫剂	所有食用动物
15	锥虫肿胺 Tryparsamide	杀虫剂	所有食用动物

序号	兽药及其他化合物名称	禁止用途	禁用动物
16	孔雀石绿 Malachite green	抗菌、杀虫剂	所有食用动物
17	五氯酚酸钠 Pentachlorophenol sodium	杀螺剂	所有食用动物
18	各种汞制剂，包括：氯化亚汞（甘汞）Calomel、硝酸亚汞 Mercurous Nitrate、醋酸汞 Mercurous acetate、吡啶基醋酸汞 Pyridyl mercurous acetate	杀虫剂	所有食用动物
19	性激素类：甲基睾丸酮 Methyltestosterone、丙酸睾酮 Testosterone Propionate、苯丙酸诺龙 Nandrolone Phenylpropionate、苯甲酸雌二醇 Estradiol Benzoate 及其盐、酯及制剂	促生长	所有食用动物
20	催眠、镇静类：氯丙嗪 Chlorpromazine、地西泮（安定）Diazepam 及其盐、酯及制剂	促生长	所有食用动物
21	硝基咪唑类：甲硝唑 Metronidazole、地美硝唑 Dimetronidazole 及其盐、酯及制剂	促生长	所有食用动物

说明：①序号 1 至 18 所列品种的原料药及其单方、复方制剂产品均已停止生产、经营和使用；已在兽药国家标准、农业部专业标准及兽药地方标准中收载的品种，废止其质量标准，撤销其产品批准文号；已在我国注册登记的进口兽药，废止其进口兽药质量标准，注销其《进口兽药登记许可证》。 ②序号 19 至 21 所列品种的原料药及其单方、复方制剂产品，不准以抗应激、提高饲料报酬、促进动物生长为目的在所有食用动物饲养过程中使用。

其他违禁药物和非法添加物

这类药物或添加物本身就不属于兽药或饲料添加剂，但在实际生产中有人为了使畜禽生长更快或提高瘦肉率等而非法添加，其后果也非常严重，有可能引起人类中毒甚或死亡等恶性事件的发生。此类违禁药物和非法添加物见表3—6。

表 3—6　　　　违禁药物和非法添加物

分类	违禁药物与非法添加物
肾上腺素受体激动剂	盐酸克伦特罗、沙丁胺醇、硫酸沙丁胺醇、莱克多巴胺、盐酸多巴胺、西巴特罗、硫酸特布他林
性激素	己烯雌酚、雌二醇、戊酸雌二醇、苯甲酸雌二醇、氯烯雌醚、炔诺醇、炔诺醚、醋酸氯地孕酮、左炔诺孕酮、炔诺酮、绒毛膜促性腺激素（绒促性素）、促卵泡生长激素（尿促性素主要含卵泡刺激 FSH 和黄体生成素 LH）
蛋白同化激素	碘化酪蛋白、苯丙酸诺龙及苯丙酸诺龙注射液
精神药品	氯丙嗪（盐酸）、盐酸异丙嗪、安定（地西泮）、苯巴比妥、苯巴比妥钠、巴比妥、异戊巴比妥、异戊巴比妥钠、利血平、艾司唑仑、甲丙氨脂、咪达唑仑、硝西泮、奥沙西泮、匹莫林、三唑仑、唑吡旦及其他国家管制的精神药品
各种抗生素滤渣	该类物质是抗生素类产品生产过程中产生的工业三废，因含有微量抗生素成分，在饲料和饲养过程中使用后对动物有一定的促生长作用。但对养殖业的危害很大，一是容易引起耐药性，二是由于未做安全性试验，存在各种安全隐患

水产动物用药禁忌

在水产养殖中，严禁使用高毒、高残留或具有三致（致癌、致畸和致突变）毒性的渔药，严禁使用对水域环境有严重破坏而又难以修复的渔药，严禁直接向养殖水域泼洒抗菌素，严禁将新近开发的人用新药作为渔药的主要成分。水产动物禁用兽药见表3—7。

表 3—7　　　　水产动物禁用兽药名称

药物名称	化学名称（组成）	别名
地虫硫磷 fonofos	O-乙基-S-苯基二硫代磷酸乙酯	大凤雷
六六六 BHC（HCH）Benzem，bexachloridge	1，2，3，4，5，6-六氯环己烷	
林丹 lindane，agammaxare，gamm a-BHC gamma-HCH	γ-1，2，3，4，5，6-六氯环己烷	丙体六六六
毒杀芬 camphechlor（ISO）	八氯莰烯	氯化莰烯
滴滴涕 DDT	2，2-双（对氯苯基）-1，1，1-三氯乙烷	
甘汞 calomel	二氯化汞	
硝酸亚汞 mercurous nitrate	硝酸亚汞	
醋酸汞 mercuric acetate	醋酸汞	
呋喃丹 carbofuran	2，3-氢-2，2-二甲基-7-苯并呋喃-甲基氨基甲酸酯	克百威、大扶农
杀虫脒 chlordimeform	N-（2-甲基-4-氯苯基）-N'，N'-二甲基甲脒盐酸盐	克死螨

药物名称	化学名称（组成）	别名
双甲脒 anitraz	1，5－双－（2，4－二甲基苯基）－3－甲基－1，3，5－三氮戊二烯－1，4	二甲苯胺脒
氟氯氰菊酯 flucythrinate	（R，S）－α－氰基－3－苯氧苄基－（R，S）－2－（4－二氟甲氧基）－3－甲基丁酸酯	保好江乌氟氰菊酯
五氯酚钠 PCP－Na	五氯酚钠	
孔雀石绿 malachite green	$C_{23}H_{25}ClN_2$	碱性绿、盐基块绿、孔雀绿
锥虫肿胺 tryparsamide		
酒石酸锑钾 anitmonyl potassium tartrate	酒石酸锑钾	
磺胺噻唑 sulfathiazolumST，norsultazo	2－（对氨基苯碘酰胺）－噻唑	消治龙
磺胺脒 sulfaguanidine	N_1－（脒基磺胺）	磺胺胍
呋喃西林 furacillinum，nitrofurazone	5－硝基呋喃醛缩氨基脲	呋喃新
呋喃唑酮 furazolidonum，nifulidone	3－（5－硝基糠叉胺基）－2－恶唑烷酮	痢特灵
呋喃那斯 furanace，nifurpirinol	6－羟甲基－2－（－5－硝基－2－呋喃基乙烯基）吡啶	P－7138（实验名）
氯霉素（包括其盐、酯及制剂）chloramphennicol	由委内瑞拉链霉素生产或合成法制成	
红霉素 erythromycin	属微生物合成，是streptomyces eyythreus生产的抗生素	

药物名称	化学名称（组成）	别名
杆菌肽锌 zinc bacitracin premin	由枯草杆菌 Bacillus subtilis 或 B.leicheniformis 所产生的抗生素，为一含有噻唑环的多肽化合物	枯草菌肽
泰乐菌素 tylosin	S.fradiae 所产生的抗生素	
环丙沙星 ciprofloxacin （CIPRO）	为合成的第三代喹诺酮类抗菌药，常用盐酸盐水合物	环丙氟哌酸
阿伏帕星 avoparcin		阿伏霉素
喹乙醇 olaquindox	喹乙醇	喹酰胺醇羟乙喹氧
速达肥 fenbendazole	5- 苯硫基 -2- 苯并咪唑	苯硫哒唑氨甲基甲酯
已烯雌酚（包括雌二醇等其他类似合成等雌性激素）diethylstilbestrol，stilbestrol	人工合成的非甾体雌激	乙烯雌酚，人造求偶素
甲基睾丸酮（包括丙酸睾丸素、去氢甲睾酮以及同化物等雄性激素）methyltestosterone，metandren	睾丸素 C_{17} 的甲基衍生物	甲睾酮甲基睾酮

部分国家及地区禁用兽药清单

为进一步做好出口肉禽养殖用药管理工作，农业部于 2003 年 4 月 10 日发布 265 号公告，公布了《部分国家及地区明令禁用或重点监控的兽药及其他化合物清单》，有关出口肉禽养殖用药的规定以此为准。

1. 欧盟禁用的兽药及其他化合物

- 阿伏霉素（Avoparcin）

- 洛硝达唑（Ronidazole）

- 卡巴多（Carbadox）

- 喹乙醇（Olaquindox）

- 杆菌肽锌（Bacitracinzinc）（禁止作为饲料添加药物使用）

- 螺旋霉素（Spiramycin）（禁止作为饲料添加药物使用）

- 维吉尼亚霉素（Virginiamycin）（禁止作为饲料添加药物使用）

- 磷酸泰乐菌素（Tylosinphosphate）（禁止作为饲料添加药物使用）

- 阿普西特（Arprinocide）

- 二硝托胺（Dinitolmide）

- 异丙硝唑（Ipronidazole）

- 氯羟吡啶（Meticlopidol）

- 氯羟吡啶/苄氧喹甲酯（Meticlopidol/Mehtylbenzoquate）

- 氨丙啉（Amprolium）

- 氨丙啉/乙氧酰胺苯甲酯（Amprolium/Ethopabate）

- 地美硝唑（Dimetridazole）

● 尼卡巴嗪（Nicarbazin）

● 二苯乙烯类及其衍生物、盐和酯，如己烯雌酚（Diethylstilbestrol）等

● 抗甲状腺类药物，如甲巯咪唑（Thiamazol）、普萘洛尔（Propranolol）等

● 类固醇类，如雌激素（Estradiol）、雄激素（Testosterone）、孕激素（Progesterone）等

● 二羟基苯甲酸内酯，如玉米赤霉醇（Zeranol）等

● β-兴奋剂类，如克伦特罗（Clenbuterol）、沙丁胺醇（Salbutamol）、西马特罗（Cimaterol）等

● 马兜铃属植物及其制剂

● 氯霉素（Chloramphenicol）

● 氯仿（Chloroform）

● 氯丙嗪（Chlorpromazine）

● 秋水仙碱（Colchicine）

● 氨苯砜（Dapsone）

● 甲硝咪唑（Metronidazole）

● 硝基呋喃类 Nitrofurans

2. 美国禁止使用的兽药及其他化合物

● 氯霉素（Chloramphenicol）

● 克伦特罗（Clenbuterol）

● 己烯雌酚（Diethylstilbestrol）

● 地美硝唑（Dimetridazole）

● 异丙硝唑（Ipronidazole）

● 其他硝基咪唑类（Other nitroimidazoles）

● 呋喃唑酮（Furazolidone）（外用除外）

● 呋喃西林（Nitrofurazone）（外用除外）

● 泌乳牛禁用磺胺类药物（磺胺二甲氧嘧啶、磺胺溴甲嘧啶、磺胺乙氧嗪除外）

● 氟喹诺酮类（Fluoroquinolones）（沙星类）

● 糖肽类抗生素，如万古霉素、阿伏霉素

3. 日本重点监控的兽药及其他化合物

● 氯羟吡啶（Clopidol）

● 磺胺喹噁啉（Sulfaquinoxaline）

● 氯霉素（Chloramphenicol）

● 磺胺甲基嘧啶（Sulfamerazine）

● 磺胺二甲嘧啶（Sulfadimethoxine）

● 磺胺 –6– 甲氧嘧啶（Sulfamonomethoxine）

● 噁喹酸（Oxolinic acid）

● 乙胺嘧啶（Pyrimethamine）

● 尼卡巴嗪（Nicarbazin）

● 双呋喃唑酮（DFZ）

● 阿伏霉素（Avoparcin）

4. 香港地区禁用的兽药及其他化合物

● 氯霉素（Chloramphenicol）

● 克伦特罗（Clenbuterol）

● 己烯雌酚（Diethylstilbestrol）

● 沙丁胺醇（Salbutamol）

● 阿伏霉素（Avoparcin）

● 己二烯雌酚（Dienoestrol）

● 己烷雌酚（Hexoestrol）

兽药地方标准废止目录

为加强兽药标准管理，保证兽药安全有效、质量可控和动物性食品安全，农业部于 2005 年 10 月 28 日发布 560 号公告，公布了《兽药地方标准废止目录》。经兽药评审后确认，以下兽药地方标准不符合安全有效审批原则，予以废止：

● 沙丁胺醇、呋喃西林、呋喃妥因和替硝唑，属于农业部 193 号公告禁用品种。卡巴氧因安全性问题、万古霉素耐药性问题会影响我国动物性食品安全、公共卫生安全以及动物性食品出口。

● 金刚烷胺类等人用抗病毒药移植兽用，缺乏科学规范、安全有效实验数据，用于动物病毒性疫病不但给动物疫病控制带来不良后果，而且影响国家动物疫病防控政策的实施。

● 头孢哌酮等人医临床控制使用的最新抗菌药物用于食品动物，会产生耐药性问题，影响动物疫病控制、食品安全和人类健康。

● 代森铵等农用杀虫剂、抗菌药用作兽药，缺乏安全有效数据，对动物和动物性食品安全构成威胁。

● 人用抗疟药和解热镇痛、胃肠道药品用于食品动物，缺乏残留检测试验数据，会增加动物性食品中药物残留危害。

● 组方不合理、疗效不确切的复方制剂，增加了用药风险和不安全因素。

具体的兽药地方标准废止目录见表3—8。

表3—8　　　　　兽药地方标准废止目录

序号	类别	名称/组方
1	禁用兽药	β-兴奋剂类：沙丁胺醇及其盐、酯及制剂 硝基呋喃类：呋喃西林、呋喃妥因及其盐、酯及制剂 硝基咪唑类：替硝唑及其盐、酯及制剂 喹噁啉类：卡巴氧及其盐、酯及制剂 抗生素类：万古霉素及其盐、酯及制剂
2	抗病毒药物	金刚烷胺、金刚乙胺、阿昔洛韦、吗啉（双）胍（病毒灵）、利巴韦林等及其盐、酯及单、复方制剂
3	抗生素、合成抗菌药及农药	抗生素、合成抗菌药：头孢哌酮、头孢噻肟、头孢曲松（头孢三嗪）、头孢噻吩、头孢拉啶、头孢唑啉、头孢噻啶、罗红霉素、克拉霉素、阿奇霉素、磷霉素、硫酸奈替米星（Netilmicin）、氟罗沙星、司帕沙星、甲替沙星、克林霉素（氯林可霉素、氯洁霉素）、妥布霉素、胍哌甲基四环素、盐酸甲烯土霉素（美他环素）、两性霉素、利福霉素等及其盐、酯及单、复方制剂 农药：井冈霉素、浏阳霉素、赤霉素及其盐、酯及单、复方制剂

序号	类别	名称/组方
4	解热镇痛类等其他药物	双嘧达莫（dipyridamole 预防血栓栓塞性疾病）、聚肌胞、氟胞嘧啶、代森铵（农用杀虫菌剂）、磷酸伯氨喹、磷酸氯喹（抗疟药）、异噻唑啉酮（防腐杀菌）、盐酸地酚诺酯（解热镇痛）、盐酸溴己新（祛痰）、西咪替丁（抑制人胃酸分泌）、盐酸甲氧氯普胺、甲氧氯普胺（盐酸胃复安）、比沙可啶（bisacodyl 泻药）、二羟丙茶碱（平喘药）、白细胞介素-2、别嘌醇、多抗甲素（α-甘露聚糖肽）等及其盐、酯及制剂
5	复方制剂	（1）注射用的抗生素与安乃近、氟喹诺酮类等化学合成药物的复方制剂 （2）镇静类药物与解热镇痛药等治疗药物组成的复方制剂

话题 3　动物源性食品中兽药最高残留限量

农业部于 2002 年 12 月 24 日发布第 235 号公告，修订了《动物源性食品中兽药最高残留限量》。

食用动物允许使用，且不需要制定残留限量的药物

这类兽药由于代谢比较快或毒性相对较小，故在食品性动物中不仅可以使用，而且不需要制定残留限量，但其部分兽药在乳用动物产乳期及家禽产蛋期等情况下禁用，具体药物品种见表3—9。

表 3—9 允许使用且不需要制定残留限量的药物

药物名称	动物种类	其他规定
乙酰水杨酸 Acetylsalicylic acid	牛、猪、鸡	产奶牛禁用 产蛋鸡禁用
氢氧化铝 Aluminium hydroxide	所有食用动物	
双甲脒 Amitraz	牛、羊、猪	仅指肌肉中 不需要限量

药物名称	动物种类	其他规定
氨丙啉 Amprolium	家禽	仅作口服用
安普霉素 Apramycin	猪、兔 山羊 鸡	仅作口服用 产奶羊禁用 产蛋鸡禁用
阿托品 Atropine	所有食用动物	
甲基吡啶磷 Azamethiphos	鱼	
甜菜碱 Betaine	所有食用动物	
碱式碳酸铋 Bismuth subcarbonate	所有食用动物	仅作口服用
碱式硝酸铋 Bismuth subnitrate	所有食用动物	仅作口服用
碱式硝酸铋 Bismuth subnitrate	牛	仅乳房内注射用
硼酸及其盐 Boric acid and borates	所有食用动物	
咖啡因 Caffeine	所有食用动物	
硼葡萄糖酸钙 Calcium borogluconate	所有食用动物	
碳酸钙 Calcium carbonate 氯化钙 Calcium chloride 葡萄糖酸钙 Calcium gluconate 磷酸钙 Calcium phosphate 硫酸钙 Calcium sulphate 泛酸钙 Calcium pantothenate	所有食用动物 所有食用动物 所有食用动物 所有食用动物 所有食用动物 所有食用动物	
樟脑 Camphor	所有食用动物	仅作外用
氯己定 Chlorhexidine	所有食用动物	仅作外用
胆碱 Choline	所有食用动物	

续表

药物名称	动物种类	其他规定
氯前列醇 Cloprostenol	牛、猪、马	
癸氧喹酯 Decoquinate	牛、山羊	仅口服用，产奶动物禁用
地克珠利 Diclazuril	山羊	羔羊口服用
肾上腺素 Epinephrine	所有食用动物	
马来酸麦角新碱 Ergometrine mal-eata	所有哺乳类食用动物	仅用于临产动物
乙醇 Ethanol	所有食用动物	仅作赋型剂用
硫酸亚铁 Ferrous sulphate	所有食用动物	
氟氯苯氰菊酯 Flumethrin	蜜蜂	蜂蜜
叶酸 Folic acid	所有食用动物	
促卵泡激素（各种动物天然FSH及其化学合成类似物）Follicle stimulating hormone（natural FSH from all species and their synthetic analogues）	所有食用动物	
甲醛 Formaldehyde	所有食用动物	
戊二醛 Glutaraldehyde	所有食用动物	
垂体促性腺激素释放激素 Gonadotrophin releasing hormone	所有食用动物	
绒促性素 Human chorion gona-dotrophin	所有食用动物	

药物名称	动物种类	其他规定
盐酸 Hydrochloric acid	所有食用动物	仅作赋型剂用
氢化可的松 Hydrocortisone	所有食用动物	仅作外用
过氧化氢 Hydrogen peroxide	所有食用动物	
碘和碘无机化合物包括 Iodine and iodine inorganic compounds including: —碘化钠和钾 Sodium and potassium—iodide —碘酸钠和钾 Sodium and potassium—iodate 碘附包括 Iodophors including: —聚乙烯吡咯烷酮碘 polyvinylpyrrolidone—iodine	所有食用动物 所有食用动物 所有食用动物	
碘有机化合物 Iodine organic compounds: —碘仿 Iodoform	所有食用动物	
右旋糖酐铁 Iron dextran	所有食用动物	
氯胺酮 Ketamine	所有食用动物	
乳酸 Lactic acid	所有食用动物	
利多卡因 Lidocaine	马	仅作局部麻醉用
促黄体激素(各种动物天然 FSH 及其化学合成类似物)Luteinising hormone(natural LH from all species and their synthetic analogues)	所有食用动物	

续表

药物名称	动物种类	其他规定
氯化镁 Magnesium chloride	所有食用动物	
甘露醇 Mannitol	所有食用动物	
甲萘醌 Menadione	所有食用动物	
新斯的明 Neostigmine	所有食用动物	
缩宫素 Oxytocin	所有食用动物	
对乙酰氨基酚 Paracetamol	猪	仅作口服用
胃蛋白酶 Pepsin	所有食用动物	
苯酚 Phenol	所有食用动物	
哌嗪 Piperazine	鸡	除蛋外所有组织
聚乙二醇（相对分子质量范围从200到10000）Polyethylene glycols（molecular weight ranging from 200 to 10 000）	所有食用动物	
吐温-80 Polysorbate 80	所有食用动物	
吡喹酮 Praziquantel	绵羊、马、山羊	仅用于非泌乳绵羊
普鲁卡因 Procaine	所有食用动物	
双羟萘酸噻嘧啶 Pyrantel embonate	马	
水杨酸 Salicylic acid	除鱼外所有食用动物	仅作外用

药物名称	动物种类	其他规定
溴化钠 Sodium Bromide	所有哺乳类食用动物	仅作外用
氯化钠 Sodium chloride	所有食用动物	
焦亚硫酸钠 Sodium pyrosulphite	所有食用动物	
水杨酸钠 Sodium salicylate	除鱼外所有食用动物	仅作外用
亚硒酸钠 Sodium selenite	所有食用动物	
硬脂酸钠 Sodium stearate	所有食用动物	
硫代硫酸钠 Sodium thiosulphate	所有食用动物	
脱水山梨醇三油酸酯（司盘85）Sorbitan trioleate	所有食用动物	
士的宁 Strychnine	牛	仅作口服用 剂量最大 0.1mg/kg 体重
愈创木酚磺酸钾 Sulfogaiacol	所有食用动物	
硫黄 Sulphur	牛，猪，山羊，绵羊，马	
丁卡因 Tetracaine	所有食用动物	仅作麻醉剂用
硫柳汞 Thiomersal	所有食用动物	多剂量疫苗中作防腐剂使用，浓度不得超过 0.02 %

续表

药物名称	动物种类	其他规定
硫喷妥钠 Thiopental sodium	所有食用动物	仅作静脉注射用
维生素 A Vitamin A	所有食用动物	
维生素 B_1 Vitamin B_1	所有食用动物	
维生素 B_{12} Vitamin B_{12}	所有食用动物	
维生素 B_2 Vitamin B_2	所有食用动物	
维生素 B_6 Vitamin B_6	所有食用动物	
维生素 D Vitamin D	所有食用动物	
维生素 E Vitamin E	所有食用动物	
盐酸塞拉嗪 Xylazine hydroch-loride	牛、马	产奶动物禁用
氧化锌 Zinc oxide	所有食用动物	
硫酸锌 Zinc sulphate	所有食用动物	

已批准的动物源性食品中最高残留限量规定

这些药物可以在食用动物中应用，但其在相应的动物组织中的含量不能超过规定量，此类药物的最高残留限量标准见表3—10。

表3—10　　动物源性食品中兽药最高残留限量标准

药物名	人每日允许摄入量[μg/(kg·天)]	标志残留物	动物种类	靶组织（以鲜重计残留限量，μg/kg）
阿灭丁（阿维菌素）Abamectin	0~2	Avermectin B1a	牛（泌乳期禁用）	脂肪（100）肝（100）肾（50）
			羊（泌乳期禁用）	肌肉（25）脂肪（50）肝（25）肾（20）
乙酰异戊酰泰乐菌素 Acetylisovaleryltylosin	0~1.02	Acetylisovaleryltylosin+3-O-乙酰泰乐菌素	猪	肌肉（50）皮+脂肪（50）肝（50）肾（50）
阿苯达唑 Albendazole	0~50	Albendazole+$ABZSO_2$+ABZSO+$ABZNH_2$	牛、羊	肌肉（100）脂肪（100）肝（5 000）肾（5 000）奶（100）
双甲脒 Amitraz	0~3	Amitraz +2, 4-DMA	牛	脂肪（200）肝（200）肾（200）奶（10）
			羊	脂肪（400）肝（100）肾（200）奶（10）
			猪	皮+脂（400）肝（200）肾（200）肌肉（10）脂肪（10）副产品（50）
			禽	
			蜜蜂	蜂蜜（200）

续表

药物名	人每日允许摄入量[μg/(kg·天)]	标志残留物	动物种类	靶组织（以鲜重计残留限量，μg/kg）
阿莫西林 Amoxicillin		Amoxicillin	所有食用动物	肌肉（50）脂肪（50）肝（50）肾（50）奶（10）
氨苄西林 Ampicillin		Ampicillin	所有食用动物	肌肉（50）脂肪（50）肝（50）肾（50）奶（10）
氨丙啉 Amprolium	0~100	Amprolium	牛	肌肉（500）脂肪（2 000）肝（500）肾（500）
安普霉素 Apramycin	0~40	Apramycin	猪	肾（100）
阿散酸/洛克沙胂 Arsanilic acid / Roxarsone		总砷计 Arsenic	猪 鸡、火鸡	肌肉（500）肝（2 000）肾（2 000）副产品（500） 肌肉（500）副产品（500）蛋（500）
氮哌酮 Azaperone	0~0.8	Azaperone + Azaperol	猪	肌肉（60）皮＋脂肪（60）肝（100）肾（100）
杆菌肽 Bacitracin	0~3.9	Bacitracin	牛、猪、禽 牛（乳房注射） 禽	可食组织（500） 奶（500） 蛋（500）

续表

药物名	人每日允许摄入量[μg/(kg·天)]	标志残留物	动物种类	靶组织（以鲜重计残留限量，μg/kg）
苄星青霉素/普鲁卡因青霉素 Benzylpenicillin/Procaine benzylpenicillin	0～30μg/（人·天）	Benzylpenicillin	所有食用动物	肌肉（50）脂肪（50）肝（50）肾（50）奶（4）
倍他米松 Betamethasone	0~0.015	Betamethasone	牛、猪 牛	肌肉（0.75）肝（2）肾（0.75）奶（0.3）
头孢氨苄 Cefalexin	0~54.4	Cefalexin	牛	肌肉（200）脂肪（200）肝（200）肾（1 000）奶（100）
头孢喹肟 Cefquinome	0~3.8	Cefquinome	牛 猪	肌肉（50）脂肪（50）肝（100）肾（200）奶（20） 肌肉（50）皮＋脂（50）肝（100）肾（200）
头孢噻呋 Ceftiofur	0~50	Desfuroylceftiofur	牛、猪 牛	肌肉（1 000）脂肪（2 000）肝（2 000）肾（6 000）奶（100）

续表

药物名	人每日允许摄入量 [μg/（kg·天）]	标志残留物	动物种类	靶组织（以鲜重计残留限量，μg/kg）
克拉维酸 Clavulanic acid	0~16	Clavulanic acid	牛、羊 牛、羊、猪	奶（200） 肌肉（100）脂肪（100）肝（200）肾（400）
氯羟吡啶 Clopidol		Clopidol	牛、羊 猪 鸡、火鸡	肌肉（200）肝（1 500）肾（3 000）奶（20） 可食组织（200） 肌肉（5 000）肝（15 000）肾（15 000）
氯氰碘柳胺 Closantel	0~30	Closantel	牛 羊	肌肉（1 000）脂肪（3 000）肝（1 000）肾（3 000） 肌肉（1 500）脂肪（2 000）肝（1 500）肾（5 000）
氯唑西林 Cloxacillin		Cloxacillin	所有食用动物	肌肉（300）脂肪（300）肝（300）肾（300）奶（30）

续表

药物名	人每日允许摄入量[μg/(kg·天)]	标志残留物	动物种类	靶组织（以鲜重计残留限量，μg/kg）
粘菌素 Colistin	0~5	Colistin	牛 牛、羊、猪、兔、鸡	奶（50） 肌肉（150）脂肪（150）肝（150）肾（300）蛋（300）
蝇毒磷 Coumaphos	0~0.25	Coumaphos 和氧化物	蜜蜂	蜂蜜（100）
环丙氨嗪 Cyromazine	0~20	Cyromazine	羊 禽	肌肉（300）脂肪（300）肾（300） 肌肉（50）脂肪（50）副产品（50）
达氟沙星 Danofloxacin	0~20	Danofloxacin	牛、绵羊、山羊 家禽 其他动物	肌肉（200）脂肪（100）肝（400）肾（400）奶（30） 肌肉（200）皮+脂（100）肝（400）肾（400） 肌肉（100）脂肪（50）肝（200）肾（200）

续表

药物名	人每日允许摄入量[μg/（kg·天）]	标志残留物	动物种类	靶组织（以鲜重计残留限量，μg/kg）	可食组织
癸氧喹酯 Decoquinate	0~75	Decoquinate	鸡	皮+肉（1 000）可食组织（2 000）	
溴氰菊酯 Deltamethrin	0~10	Deltamethrin	牛、羊	肌肉（30）脂肪（500）肝（50）肾（50）	
			牛	奶（30）	
			鸡	肌肉（30）皮+脂（500）肝（50）肾（50）蛋（30）	
			鱼	肌肉（30）	
越霉素 A Destomycin A		Destomycin A	猪、鸡	可食组织（2 000）	
地塞米松 Dexamethasone	0~0.015	Dexamethasone	牛、猪、马	肌肉（0.75）肝（2）肾（0.75）	
			牛	奶（0.3）	
二嗪农 Diazinon	0~2	Diazinon	牛、羊	奶（20）	
			牛、羊、猪、羊	肌肉（20）脂肪（700）肝（20）肾（20）	

药物名	人每日允许摄入量 [μg/ (kg·天)]	标志残留物	动物种类	靶组织（以鲜重计残留限量，μg/kg）
敌敌畏 Dichlorvos	0~4	Dichlorvos	牛、羊、马	肌肉（20）脂肪（20）副产品（20）
			猪	肌肉（100）脂肪（100）副产品（200）
			鸡	肌肉（50）脂肪（50）副产品（50）
地克珠利 Diclazuril	0~30	Diclazuril	绵羊、禽、兔	肌肉（500）脂肪（1 000）肝（3 000）肾（2 000）
二氟沙星 Difloxacin	0~10	Difloxacin	牛、羊	肌肉（400）脂（100）肝（1 400）肾（800）
			猪	肌肉（400）皮+脂（100）肝（800）肾（800）
			家禽	肌肉（300）皮+脂（400）肝（1 900）肾（600）
			其他	肌肉（300）脂肪（100）肝（800）肾（600）

续表

药物名	人每日允许摄入量[μg/(kg·天)]	标志残留物	动物种类	靶组织（以鲜重计残留限量，μg/kg）
三氮脒 Diminazine	0~100	Diminazine	牛	肌肉（500）肝（12 000）肾（6 000）奶（150）
多拉菌素 Doramectin	0~0.5	Doramectin	牛（泌乳牛禁用）	肌肉（10）脂肪（150）肝（100）肾（30）
			猪、羊、鹿	肌肉（20）脂肪（100）肝（50）肾（30）
多西环素 Doxycycline	0~3	Doxycycline	牛（泌乳牛禁用）	肌肉（100）肝（300）肾（600）
			猪	肌肉（100）肾（300）皮＋脂（600）
			禽（产蛋鸡禁用）	肝（300）肾（600）皮＋脂（300）肝（300）肾（600）
恩诺沙星 Enrofloxacin	0~2	Enrofloxacin + Ciprofloxacin	牛、羊	肌肉（100）脂肪（100）肝（300）肾（200）奶（100）
			牛、羊	肌肉（100）脂肪（100）肝（200）肾（300）
			猪、兔	肌肉（100）皮＋脂（100）肝（200）肾（300）
			禽（产蛋鸡禁用）	
			其他动物	肌肉（100）脂肪（100）肝（200）肾（200）

药物名	人每日允许摄入量[μg/(kg·天)]	标志残留物	动物种类	靶组织(以鲜重计残留限量,μg/kg)
红霉素 Erythromycin	0~5	Erythromycin	所有食用动物	肌肉(200)脂肪(200)肝(200)肾(200)奶(40)蛋(150)
乙氧酰胺苯甲酯 Ethopabate		Ethopabate	禽	肌肉(500)肝(1 500)肾(1 500)
苯硫氨酯 Fenbantel 芬苯达唑 Fenbendazole 奥芬达唑 Oxfendazole	0~7	可提取的 Oxfendazole sulphone	牛、马、猪、羊 牛、羊	肌肉(100)脂肪(100)肝(500)肾(100)奶(100)
倍硫磷 Fenthion		Fenthion+metabolites	牛、猪、禽	肌肉(100)脂肪(100)副产品(100)
氰戊菊酯 Fenvalerate	0~20	Fenvalerate	牛、羊、猪 牛	肌肉(1 000)脂肪(1 000)副产品(20)奶(100)

续表

药物名	人每日允许摄入量 [μg/ (kg·天)]	标志残留物	动物种类	靶组织(以鲜重计残留限量, μg/kg)
氟苯尼考 Florfenicol	0~3	Florfenicol−amine	牛、羊(泌乳期禁用)	肌肉(200)肝(3 000)肾(300)
			猪	肌肉(300)皮+脂(500)肝(2 000)肾(500)
			家禽(产蛋禁用)	肌肉(100)皮+脂(200)肝(2 500)肾(750)
			鱼	肌肉+皮(1000)
			其他动物	肌肉(100)脂肪(200)肝(2 000)肾(300)
氟苯咪唑 Flubendazole	0~12	Flubendazole +2−amino 1H−benzimidazol−5−yl−(4−fluorophenyl) methanone	猪	肌肉(10)肝(10)
			禽	肌肉(200)肝(500)蛋(400)
醋酸氟孕酮 Flugestone Acetate	0~0.03	Flugestone Acetate	羊	奶(1)

续表

药物名	人每日允许摄入量[μg/（kg·天）]	标志残留物	动物种类	靶组织（以鲜重计残留限量，μg/kg）
氟甲喹 Flumequine	0~30	Flumequine	牛、羊、猪	肌肉（500）脂肪（1 000）肝（500）肾（3 000）奶（50）
			鱼	肌肉＋皮（500）
			鸡	肌肉（500）皮＋脂（1 000）肝（500）肾（3 000）
氟氯苯氰菊酯 Flumethrin	0~1.8	Flumethrin（trans-Z-isomers 总和）	牛	肌肉（10）脂肪（150）肝（20）肾（10）奶（30）
			羊（产奶期禁用）	肌肉（10）脂肪（150）肝（20）肾（10）
氟胺氰菊酯 Fluvalinate		Fluvalinate	所有动物	肌肉（10）脂肪（10）副产品（10）
			蜜蜂	蜂蜜（50）
庆大霉素 Gentamycin	0~20	Gentamycin	牛、猪	肌肉（100）脂肪（100）肝（2 000）肾（5 000）奶（200）
			牛、鸡、火鸡	可食组织（100）

续表

药物名	人每日允许摄入量[μg/(kg·天)]	标志残留物	动物种类	靶组织（以鲜重计残留限量，μg/kg）
氢溴酸常山酮 Halofuginone hydrobromide	0~0.3	Halofuginone	牛	肌肉（10）脂肪（25）肝（30）肾（30）
			鸡、火鸡	肌肉（100）皮＋脂（200）肝（130）
氮氨菲啶 Isometamidium	0~100	Isometamidium	牛	肌肉（100）脂肪（100）肝（500）肾（1 000）奶（100）
伊维菌素 Ivermectin	0~1	22，23-Dihydro-avermectin B_{1a}	牛	肌肉（10）脂肪（40）肝（100）奶（10）
			猪、羊	肌肉（20）脂肪（20）肝（15）
吉他霉素 Kitasamycin		Kitasamycin	猪、禽	肌肉（200）肝（200）肾（200）
拉沙洛菌素 Lasalocid		Lasalocid	牛	肝（700）
			鸡	皮＋脂（1 200）肝（400）
			火鸡	皮＋脂（400）肝（400）
			羊	肝（1 000）
			兔	肝（700）

续表

药物名	人每日允许摄入量[μg/(kg·天)]	标志残留物	动物种类	靶组织（以鲜重计残留限量，μg/kg）
左旋咪唑 Levamisole	0~6	Levamisole	牛、羊、猪、禽	肌肉（10）脂肪（10）肝（100）肾（10）
林可霉素 Lincomycin	0~30	Lincomycin	牛、羊、猪、禽；牛、鸡	肌肉（100）脂肪（100）肝（500）肾（150）奶（150）蛋（50）
马杜霉素 Maduramicin		Maduramicin	鸡	肌肉（240）脂肪（480）皮（480）肝（720）
马拉硫磷 Malathion		Malathion	牛、羊、猪、禽、马	肌肉（4 000）脂肪（4 000）副产品（4 000）
甲苯咪唑 Mebendazole	0~12.5	Mebendazole 等效物	羊、马（产奶期禁用）	肌肉（60）脂肪（60）肝（400）肾（60）
安乃近 Metamizole	0~10	4-氨甲基-安替比林	牛、猪、马	肌肉（200）脂肪（200）肝（200）肾（200）

续表

药物名	人每日允许摄入量 [μg/(kg·天)]	标志残留物	动物种类	靶组织（以鲜重计残留限量，μg/kg）
莫能菌素 Monensin		Monensin	牛、羊、鸡、火鸡	可食组织（50）肌肉（1 500）皮+脂（3 000）肝（4 500）
甲基盐霉素 Narasin		Narasin	鸡	肌肉（600）皮+脂（1 200）肝（1 800）
新霉素 Neomycin	0~60	Neomycin B	牛、羊、猪、火鸡、鸡、鸭 牛、羊、鸡	肌肉（500）脂肪（500）（500）肾（500）肝（10 000）奶（500）蛋（500）
尼卡巴嗪 Nicarbazin	0~400	N，N'-bis-（4-nitro-phenyl）urea	鸡	肌肉（200）皮、脂（200）肝（200）肾（200）
硝碘酚腈 Nitroxinil:	0~5	Nitroxinil	牛、羊	肌肉（400）脂肪（200）肝（20）肾（400）
喹乙醇 Olaquindox		3-甲基喹啉-2-羧酸（MQCA）	猪	肌肉（4）肝（50）

续表

药物名	人每日允许摄入量[μg/（kg·天）]	标志残留物	动物种类	靶组织（以鲜重计残留限量，μg/kg）
苯唑西林 Oxacillin		Oxacillin	所有食用动物	肌肉（300）脂肪（300）肝（300）肾（300）奶（30）
丙氧苯咪唑 Oxibendazole	0~60	Oxibendazole	猪	肌肉（100）皮＋脂（500）肝（200）肾（100）
噁喹酸 Oxolinic acid	0~2.5	Oxolinic acid	牛、猪、鸡 鸡 鱼	肌肉（100）脂肪（50）肝（150）肾（150）蛋（50）肌肉＋皮（300）
土霉素、金霉素、四环素 Oxytetracycline/Chlortetracycline/Tetracycline	0~30	Parent drug，单个或复合物	所有食用动物 牛、羊 禽、蛋 鱼、虾	肌肉（100）肝（300）肾（600）奶（100）蛋（200）肉（100）
辛硫磷 Phoxim	0~4	Phoxim	牛、猪、羊 牛	肌肉（50）脂肪（400）肝（50）肾（50）奶（10）

续表

药物名	人每日允许摄入量 [μg/(kg·天)]	标志残留物	动物种类	靶组织（以鲜重计残留限量，μg/kg）
哌嗪 Piperazine	0~250	Piperazine	猪	肌肉（400）皮＋脂（800）肝（2 000）肾（2 000）
			鸡	肝（1 000）蛋（2 000）
巴胺磷 Propetamphos	0~0.5	Propetamphos	羊	脂肪（90）肾（90）
碘醚柳胺 Rafoxanide	0~2	Rafoxanide	牛	肌肉（30）脂肪（30）肝（10）肾（40）
			羊	肌肉（100）脂肪（250）肝（150）肾（150）
氯苯胍 Robenidine		Robenidine	鸡	脂肪（200）皮（200）可食组织（100）
盐霉素 Salinomycin		Salinomycin	鸡	肌肉（600）皮、脂（1 200）肝（1 800）
沙拉沙星 Sarafloxacin	0~0.3	Sarafloxacin	鸡、火鸡	肌肉（10）脂肪（20）肝（80）肾（80）
			鱼	肌肉＋皮（30）
赛杜霉素 Semduramicin	0~180	Semduramicin	鸡	肌肉（130）肝（400）

续表

药物名	人每日允许摄入量[μg/（kg·天）]	标志残留物	动物种类	靶组织（以鲜重计残留限量，μg/kg）
大观霉素 Spectinomycin	0~40	Spectinomycin	牛、羊、猪、鸡 牛 鸡	肌肉（500）脂肪（2 000）肝（2 000）肾（5 000）奶（200）蛋（2 000）
链霉素/双氢链霉素 Streptomycin/ Dihydrostreptomycin	0~50	Streptomycin + Dihydrostreptomycin	牛 牛、绵羊、猪、鸡	奶（200）肌肉（600）脂肪（600）肝（600）肾（1 000）
磺胺类 Sulfonamides		Parent drug（总量）	所有食用动物 牛、羊	肌肉（100）脂肪（100）肝（100）肾（100）奶（100）
磺胺二甲嘧啶 Sulfadimidine	0~50	Sulfadimidine	牛	奶（25）
噻苯咪唑 Thiabendazole	0~100	噻苯咪唑和5-羟基噻苯咪唑	牛、猪、绵羊、山羊 牛、山羊	肌肉（100）脂肪（100）肝（100）肾（100）奶（100）

续表

药物名	人每日允许摄入量[μg/(kg·天)]	标志残留物	动物种类	靶组织(以鲜重计残留限量,μg/kg)
甲砜霉素 Thiamphenicol	0~5	Thiamphenicol	牛、羊	肌肉(50)脂肪(50)肝(50)肾(50)奶(50)
			牛	肌肉(50)脂肪(50)肝(50)肾(50)
			猪	肌肉(50)皮+脂(50)肝(50)肾(50)
			鸡	肌肉+皮(50)
			鱼	
泰妙菌素 Tiamulin	0~30	Tiamulin+8-α-Hydroxymutilin	猪、兔	肌肉(100)肝(500)
			鸡	肌肉(100)皮+脂(100)肝(1 000)蛋(1 000)
			火鸡	肌肉(100)皮+脂(100)肝(300)
替米考星 Tilmicosin	0~40	Tilmicosin	牛、绵羊	肌肉(100)脂肪(100)肝(1 000)肾(300)
			绵羊	奶(50)
			猪	肌肉(100)脂肪(100)肝(1 500)肾(1 000)
			鸡	肌肉(75)皮+脂(75)肝(1 000)肾(250)

续表

药物名	人每日允许摄入量 [μg/（kg·天）]	标志残留物	动物种类	靶组织（以鲜重计残留限量，μg/kg）
甲基三嗪酮（托曲珠利）Toltrazuril	0~2	Toltrazuril Sulfone	鸡、火鸡	肌肉（100）皮+脂（200）肝（600）肾（400）
			猪	肌肉（100）皮+脂（150）肝（500）肾（250）
敌百虫 Trichlorfon	0~20	Trichlorfon	牛	肌肉（50）脂肪（50）肝（50）肾（50）奶（50）
三氯苯唑 Triclabendazole	0~3	Ketotriclabendazole	牛	肌肉（200）脂肪（100）肝（300）肾（300）
			羊	肌肉（100）脂肪（100）肝（100）肾（100）
甲氧苄啶 Trimethoprim	0~4.2	Trimethoprim	牛	肌肉（50）脂肪（50）肝（50）肾（50）奶（50）
			猪、禽	肌肉（50）皮+脂（50）肝（50）肾（50）
			马	肌肉（100）脂肪（100）肝（100）肾（100）
			鱼	肌肉+皮（50）

续表

药物名	人每日允许摄入量 [μg/(kg·天)]	标志残留物	动物种类	靶组织（以鲜重计残留限量，μg/kg）
泰乐菌素 Tylosin	0~6	Tylosin A	鸡、火鸡、猪、牛 牛 鸡	肌肉（200）脂肪（200）肝（200）肾（200） 奶（50） 蛋（200）
维吉尼霉素 Virginiamycin	0~250	Virginiamycin	猪 禽	肌肉（100）脂肪（400）肝（300）肾（400）皮（400） 肌肉（100）脂肪（200）肝（300）肾（500）皮（200）
二硝托胺 Zoalene		Zoalene +Metabolite	鸡 火鸡	肌肉（3 000）脂肪（2 000）肝（6 000）肾（6 000） 肌肉（3 000）肝（3 000）

允许用于治疗，但不得在动物源性食品中检出的药物

这类药物仅用于动物疾病治疗，在动物源性食品中不得检出，否则，不仅违规还有可能引起恶性事件，换句话说，就是这类药物尽量不在食用动物中应用，而如果非用不可，就要在休药期以前应用，保证动物源性食品中不会检出该类药物，此类药物具体品种见表3—11。

表3—11 不得在动物源性食品中检出的药物

药物名称	标志残留物	动物种类	靶组织
氯丙嗪 Chlorpromazine	Chlorpromazine	所有食用动物	所有可食组织
地西泮（安定） Diazepam	Diazepam	所有食用动物	所有可食组织
地美硝唑 Dimetridazole	Dimetridazole	所有食用动物	所有可食组织
苯甲酸雌二醇 Estradiol Benzoate	Estradiol	所有食用动物	所有可食组织
潮霉素 B Hygromycin B	Hygromycin B	猪、鸡 鸡	可食组织 蛋
甲硝唑 Metronidazole	Metronidazole	所有食用动物	所有可食组织
苯丙酸诺龙 Nadrolone Phenylp-ropionate	Nadrolone	所有食用动物	所有可食组织

续表

药物名称	标志残留物	动物种类	靶组织
丙酸睾酮 Testosterone propinate	Testosterone	所有食用动物	所有可食组织
塞拉嗪 Xylzaine	Xylazine	产奶动物	奶

水产品中渔药残留限量

水产品中渔药残留限量标准见表 3—12。

表 3—12　　水产品中渔药残留限量标准

药物类别		药物名称		指标（MRL，μg/kg）
		中文	英文	
抗生素类	四环素类	金霉素	Chlortetracycline	100
		土霉素	Oxytetracycline	100
		四环素	Tetracycline	100
	氯霉素类	氯霉素	Chloramphenicol	不得检出
磺胺类及增效剂		磺胺嘧啶	Sulfadiazine	100（以总量计）
		磺胺甲基嘧啶	Sulfamerazine	
		磺胺二甲基嘧啶	Sulfadimidine	
		磺胺甲噁唑	Sulfamethoxaozole	
		甲氧苄氨嘧啶	Trimethoprim	50
喹诺酮类		噁喹酸	Oxilinic acid	300
硝基呋喃类		呋喃唑酮	Furazolidone	不得检出
其他		己烯雌酚	Diethylstilbestrol	不得检出
		喹乙醇	Olaquindox	不得检出

话题 4 食用动物用药的休药期

为加强兽药使用管理，保证动物性产品质量安全，农业部于 2003 年 5 月 22 日发布了 278 号公告，规定了兽药休药期与不需制定休药期的兽药品种。休药期是指畜禽最后一次用药到该畜禽许可屠宰或其产品（乳、蛋）许可上市的间隔时间。

需要休药的兽药品种

兽药的休药期见表 3—13。

表 3—13 兽药的休药期

序号	兽药名称	执行标准	休药期
1	乙酰甲喹片	兽药规范 92 版	牛、猪 35 日
2	二氢吡啶	部颁标准	牛、肉鸡 7 日，弃奶期 7 日
3	二硝托胺预混剂	兽药典 2000 版	鸡 3 日，产蛋期禁用
4	土霉素片	兽药典 2000 版	牛、羊、猪 7 日，禽 5 日，弃蛋期 2 日，弃奶期 3 日
5	土霉素注射液	部颁标准	牛、羊、猪 28 日，弃奶期 7 日
6	马杜霉素预混剂	部颁标准	鸡 5 日，产蛋期禁用
7	双甲脒溶液	兽药典 2000 版	牛、羊 21 日，猪 8 日，弃奶期 48 小时，禁用于产奶羊

续表

序号	兽药名称	执行标准	休药期
8	巴胺磷溶液	部颁标准	羊 14 日
9	水杨酸钠注射液	兽药规范65版	牛 0 日，弃奶期 48 小时
10	四环素片	兽药典90版	牛 12 日、猪 10 日、鸡 4 日，产蛋期禁用，产奶期禁用
11	甲砜霉素片	部颁标准	28 日，弃奶期 7 日
12	甲砜霉素散	部颁标准	28 日，弃奶期 7 日，鱼 500 度日
13	甲基前列腺素 F2α 注射液	部颁标准	牛 1 日，猪 1 日，羊 1 日
14	甲硝唑片	兽药典2000版	牛 28 日
15	甲磺酸达氟沙星注射液	部颁标准	猪 25 日
16	甲磺酸达氟沙星粉	部颁标准	鸡 5 日，产蛋鸡禁用
17	甲磺酸达氟沙星溶液	部颁标准	鸡 5 日，产蛋鸡禁用
18	甲磺酸培氟沙星可溶性粉	部颁标准	28 日，产蛋鸡禁用
19	甲磺酸培氟沙星注射液	部颁标准	28 日，产蛋鸡禁用
20	甲磺酸培氟沙星颗粒	部颁标准	28 日，产蛋鸡禁用
21	亚硒酸钠维生素 E 注射液	兽药典2000版	牛、羊、猪 28 日
22	亚硒酸钠维生素 E 预混剂	兽药典2000版	牛、羊、猪 28 日

序号	兽药名称	执行标准	休药期
23	亚硫酸氢钠甲萘醌注射液	兽药典2000版	0 日
24	伊维菌素注射液	兽药典2000版	牛、羊35日，猪28日，泌乳期禁用
25	吉他霉素片	兽药典2000版	猪、鸡7日，产蛋期禁用
26	吉他霉素预混剂	部颁标准	猪、鸡7日，产蛋期禁用
27	地西泮注射液	兽药典2000版	28 日
28	地克珠利预混剂	部颁标准	鸡5日，产蛋期禁用
29	地克珠利溶液	部颁标准	鸡5日，产蛋期禁用
30	地美硝唑预混剂	兽药典2000版	猪、鸡28日，产蛋期禁用
31	地塞米松磷酸钠注射液	兽药典2000版	牛、羊、猪21日，弃奶期3日
32	安乃近片	兽药典2000版	牛、羊、猪28日，弃奶期7日
33	安乃近注射液	兽药典2000版	牛、羊、猪28日，弃奶期7日
34	安钠咖注射液	兽药典2000版	牛、羊、猪28日，弃奶期7日
35	那西肽预混剂	部颁标准	鸡7日，产蛋期禁用
36	吡喹酮片	兽药典2000版	28 日，弃奶期7日
37	芬苯哒唑片	兽药典2000版	牛、羊21日，猪3日，弃奶期7日

续表

序号	兽药名称	执行标准	休药期
38	芬苯哒唑粉（苯硫苯咪唑粉剂）	兽药典2000版	牛、羊14日，猪3日，弃奶期5日
39	苄星邻氯青霉素注射液	部颁标准	牛28日，产犊后4天禁用，泌乳期禁用
40	阿司匹林片	兽药典2000版	0日
41	阿苯达唑片	兽药典2000版	牛14日，羊4日，猪7日，禽4日，弃奶期60小时
42	阿莫西林可溶性粉	部颁标准	鸡7日，产蛋鸡禁用
43	阿维菌素片	部颁标准	羊35日，猪28日，泌乳期禁用
44	阿维菌素注射液	部颁标准	羊35日，猪28日，泌乳期禁用
45	阿维菌素粉	部颁标准	羊35日，猪28日，泌乳期禁用
46	阿维菌素胶囊	部颁标准	羊35日，猪28日，泌乳期禁用
47	阿维菌素透皮溶液	部颁标准	牛、猪42日，泌乳期禁用
48	乳酸环丙沙星可溶性粉	部颁标准	禽8日，产蛋鸡禁用
49	乳酸环丙沙星注射液	部颁标准	牛14日，猪10日，禽28日，弃奶期84小时
50	乳酸诺氟沙星可溶性粉	部颁标准	禽8日，产蛋鸡禁用
51	注射用三氮脒	兽药典2000版	28日，弃奶期7日

序号	兽药名称	执行标准	休药期
52	注射用苄星青霉素（注射用苄星青霉素 G）	兽药规范 78 版	牛、羊 4 日，猪 5 日，弃奶期 3 日
53	注射用乳糖酸红霉素	兽药典 2000 版	牛 14 日，羊 3 日，猪 7 日，弃奶期 3 日
54	注射用苯巴比妥钠	兽药典 2000 版	28 日，弃奶期 7 日
55	注射用苯唑西林钠	兽药典 2000 版	牛、羊 14 日，猪 5 日，弃奶期 3 日
56	注射用青霉素钠	兽药典 2000 版	0 日，弃奶期 3 日
57	注射用青霉素钾	兽药典 2000 版	0 日，弃奶期 3 日
58	注射用氨苄青霉素钠	兽药典 2000 版	牛 6 日，猪 15 日，弃奶期 48 小时
59	注射用盐酸土霉素	兽药典 2000 版	牛、羊、猪 8 日，弃奶期 48 小时
60	注射用盐酸四环素	兽药典 2000 版	牛、羊、猪 8 日，弃奶期 48 小时
61	注射用酒石酸泰乐菌素	部颁标准	牛 28 日，猪 21 日，弃奶期 96 小时
62	注射用喹嘧胺	兽药典 2000 版	28 日，弃奶期 7 日
63	注射用氯唑西林钠	兽药典 2000 版	牛 10 日，弃奶期 2 日
64	注射用硫酸双氢链霉素	兽药典 90 版	牛、羊、猪 18 日，弃奶期 72 小时
65	注射用硫酸卡那霉素	兽药典 2000 版	28 日，弃奶期 7 日

续表

序号	兽药名称	执行标准	休药期
66	注射用硫酸链霉素	兽药典2000版	牛、羊、猪18日，弃奶期72小时
67	环丙氨嗪预混剂（1%）	部颁标准	鸡3日
68	苯丙酸诺龙注射液	兽药典2000版	28日，弃奶期7日
69	苯甲酸雌二醇注射液	兽药典2000版	28日，弃奶期7日
70	复方水杨酸钠注射液	兽药规范78版	28日，弃奶期7日
71	复方甲苯咪唑粉	部颁标准	鳗150度日
72	复方阿莫西林粉	部颁标准	鸡7日，产蛋期禁用
73	复方氨苄西林片	部颁标准	鸡7日，产蛋期禁用
74	复方氨苄西林粉	部颁标准	鸡7日，产蛋期禁用
75	复方氨基比林注射液	兽药典2000版	28日，弃奶期7日
76	复方磺胺对甲氧嘧啶片	兽药典2000版	28日，弃奶期7日
77	复方磺胺对甲氧嘧啶钠注射液	兽药典2000版	28日，弃奶期7日
78	复方磺胺甲噁唑片	兽药典2000版	28日，弃奶期7日
79	复方磺胺氯哒嗪钠粉	部颁标准	猪4日，鸡2日，产蛋期禁用

序号	兽药名称	执行标准	休药期
80	复方磺胺嘧啶钠注射液	兽药典 2000 版	牛、羊 12 日，猪 20 日，弃奶期 48 小时
81	枸橼酸乙胺嗪片	兽药典 2000 版	28 日，弃奶期 7 日
82	枸橼酸哌嗪片	兽药典 2000 版	牛、羊 28 日，猪 21 日，禽 14 日
83	氟苯尼考注射液	部颁标准	猪 14 日，鸡 28 日，鱼 375 度日
84	氟苯尼考粉	部颁标准	猪 20 日，鸡 5 日，鱼 375 度日
85	氟苯尼考溶液	部颁标准	鸡 5 日，产蛋期禁用
86	氟胺氰菊酯条	部颁标准	流蜜期禁用
87	氢化可的松注射液	兽药典 2000 版	0 日
88	氢溴酸东莨菪碱注射液	兽药典 2000 版	28 日，弃奶期 7 日
89	洛克沙肿预混剂	部颁标准	5 日，产蛋期禁用
90	恩诺沙星片	兽药典 2000 版	鸡 8 日，产蛋鸡禁用
91	恩诺沙星可溶性粉	部颁标准	鸡 8 日，产蛋鸡禁用
92	恩诺沙星注射液	兽药典 2000 版	牛、羊 14 日，猪 10 日，兔 14 日
93	恩诺沙星溶液	兽药典 2000 版	禽 8 日，产蛋鸡禁用
94	氧阿苯达唑片	部颁标准	羊 4 日
95	氧氟沙星片 58	部颁标准	28 日，产蛋鸡禁用

续表

序号	兽药名称	执行标准	休药期
96	氧氟沙星可溶性粉	部颁标准	28 日，产蛋鸡禁用
97	氧氟沙星注射液	部颁标准	28 日，弃奶期 7 日，产蛋鸡禁用
98	氧氟沙星溶液（碱性）	部颁标准	28 日，产蛋鸡禁用
99	氧氟沙星溶液（酸性）	部颁标准	28 日，产蛋鸡禁用
100	氨苯胂酸预混剂	部颁标准	5 日，产蛋鸡禁用
101	氨茶碱注射液	兽药典 2000 版	28 日，弃奶期 7 日
102	海南霉素钠预混剂	部颁标准	鸡 7 日，产蛋期禁用
103	烟酸诺氟沙星可溶性粉	部颁标准	28 日，产蛋鸡禁用
104	烟酸诺氟沙星注射液	部颁标准	28 日
105	烟酸诺氟沙星溶液	部颁标准	28 日，产蛋鸡禁用
106	盐酸二氟沙星片	部颁标准	鸡 1 日
107	盐酸二氟沙星注射液	部颁标准	猪 45 日
108	盐酸二氟沙星粉	部颁标准	鸡 1 日
109	盐酸二氟沙星溶液	部颁标准	鸡 1 日

序号	兽药名称	执行标准	休药期
110	盐酸大观霉素可溶性粉	兽药典 2000 版	鸡 5 日，产蛋期禁用
111	盐酸左旋咪唑	兽药典 2000 版	牛 2 日，羊 3 日，猪 3 日，禽 28 日，泌乳期禁用
112	盐酸左旋咪唑注射液	兽药典 2000 版	牛 14 日，羊 28 日，猪 28 日，泌乳期禁用
113	盐酸多西环素片	兽药典 2000 版	28 日
114	盐酸异丙嗪片	兽药典 2000 版	28 日
115	盐酸异丙嗪注射液	兽药典 2000 版	28 日，弃奶期 7 日
116	盐酸沙拉沙星可溶性粉	部颁标准	鸡 0 日，产蛋期禁用
117	盐酸沙拉沙星注射液	部颁标准	猪 0 日，鸡 0 日，产蛋期禁用
118	盐酸沙拉沙星溶液	部颁标准	鸡 0 日，产蛋期禁用
119	盐酸沙拉沙星片	部颁标准	鸡 0 日，产蛋期禁用
120	盐酸林可霉素片	兽药典 2000 版	猪 6 日
121	盐酸林可霉素注射液	兽药典 2000 版	猪 2 日
122	盐酸环丙沙星、盐酸小檗碱预混剂	部颁标准	500 度日
123	盐酸环丙沙星可溶性粉	部颁标准	28 日，产蛋鸡禁用

续表

序号	兽药名称	执行标准	休药期
124	盐酸环丙沙星注射液	部颁标准	28 日，产蛋鸡禁用
125	盐酸苯海拉明注射液	兽药典 2000 版	28 日，弃奶期 7 日
126	盐酸洛美沙星片	部颁标准	28 日，弃奶期 7 日，产蛋鸡禁用
127	盐酸洛美沙星可溶性粉	部颁标准	28 日，产蛋鸡禁用
128	盐酸洛美沙星注射液	部颁标准	28 日，弃奶期 7 日
129	盐酸氨丙啉、乙氧酰胺苯甲酯、磺胺喹噁啉预混剂	兽药典 2000 版	鸡 10 日，产蛋期禁用
130	盐酸氨丙啉、乙氧酰胺苯甲酯预混剂	兽药典 2000 版	鸡 3 日，产蛋期禁用
131	盐酸氯丙嗪片	兽药典 2000 版	28 日，弃奶期 7 日
132	盐酸氯丙嗪注射液	兽药典 2000 版	28 日，弃奶期 7 日
133	盐酸氯苯胍片	兽药典 2000 版	鸡 5 日，兔 7 日，产蛋期禁用
134	盐酸氯苯胍预混剂	兽药典 2000 版	鸡 5 日，兔 7 日，产蛋期禁用
135	盐酸氯胺酮注射液	兽药典 2000 版	28 日，弃奶期 7 日
136	盐酸赛拉唑注射液	兽药典 2000 版	28 日，弃奶期 7 日

续表

序号	兽药名称	执行标准	休药期
137	盐酸赛拉嗪注射液	兽药典2000版	牛、羊14日，鹿15日
138	盐霉素钠预混剂	兽药典2000版	鸡5日，产蛋期禁用
139	诺氟沙星、盐酸小檗碱预混剂	部颁标准	500度日
140	酒石酸吉他霉素可溶性粉	兽药典2000版	鸡7日，产蛋期禁用
141	酒石酸泰乐菌素可溶性粉	兽药典2000版	鸡1日，产蛋期禁用
142	维生素B_{12}注射液	兽药典2000版	0日
143	维生素B_1片	兽药典2000版	0日
144	维生素B_1注射液	兽药典2000版	0日
145	维生素B_2片	兽药典2000版	0日
146	维生素B_2注射液	兽药典2000版	0日
147	维生素B_6片	兽药典2000版	0日
148	维生素B_6注射液	兽药典2000版	0日
149	维生素C片	兽药典2000版	0日
150	维生素C注射液	兽药典2000版	0日

续表

序号	兽药名称	执行标准	休药期
151	维生素C磷酸酯镁、盐酸环丙沙星预混剂	部颁标准	500度日
152	维生素D_3注射液	兽药典2000版	28日,弃奶期7日
153	维生素E注射液	兽药典2000版	牛、羊、猪28日
154	维生素K_1注射液	兽药典2000版	0日
155	喹乙醇预混剂	兽药典2000版	猪35日,禁用于禽、鱼、35 kg以上的猪
156	奥芬达唑片(苯亚砜哒唑)	兽药典2000版	牛、羊、猪7日,产奶期禁用
157	普鲁卡因青霉素注射液	兽药典2000版	牛10日,羊9日,猪7日,弃奶期48小时
158	氯羟吡啶预混剂	兽药典2000版	鸡5日,兔5日,产蛋期禁用
159	氯氰碘柳胺钠注射液	部颁标准	28日,弃奶期28日
160	氯硝柳胺片	兽药典2000版	牛、羊28日
161	氰戊菊酯溶液	部颁标准	28日
162	硝氯酚片	兽药典2000版	28日
163	硝碘酚腈注射液(克虫清)	部颁标准	羊30日,弃奶期5日
164	硫氰酸红霉素可溶性粉	兽药典2000版	鸡3日,产蛋期禁用

序号	兽药名称	执行标准	休药期
165	硫酸卡那霉素注射液（单硫酸盐）	兽药典 2000 版	28 日
166	硫酸安普霉素可溶性粉	部颁标准	猪 21 日，鸡 7 日，产蛋期禁用
167	硫酸安普霉素预混剂	部颁标准	猪 21 日
168	硫酸庆大—小诺霉素注射液	部颁标准	猪、鸡 40 日
169	硫酸庆大霉素注射液	兽药典 2000 版	猪 40 日
170	硫酸粘菌素可溶性粉	部颁标准	7 日，产蛋期禁用
171	硫酸粘菌素预混剂	部颁标准	7 日，产蛋期禁用
172	硫酸新霉素可溶性粉	兽药典 2000 版	鸡 5 日，火鸡 14 日，产蛋期禁用
173	越霉素 A 预混剂	部颁标准	猪 15 日，鸡 3 日，产蛋期禁用
174	碘硝酚注射液	部颁标准	羊 90 日，弃奶期 90 日
175	碘醚柳胺混悬液	兽药典 2000 版	牛、羊 60 日，泌乳期禁用
176	精制马拉硫磷溶液	部颁标准	28 日
177	精制敌百虫片	兽药规范 92 版	28 日
178	蝇毒磷溶液	部颁标准	28 日
179	醋酸地塞米松片	兽药典 2000 版	马、牛 0 日

续表

序号	兽药名称	执行标准	休药期
180	醋酸泼尼松片	兽药典2000版	0日
181	醋酸氟孕酮阴道海绵	部颁标准	羊30日，泌乳期禁用
182	醋酸氢化可的松注射液	兽药典2000版	0日
183	磺胺二甲嘧啶片	兽药典2000版	牛10日，猪15日，禽10日
184	磺胺二甲嘧啶钠注射液	兽药典2000版	28日
185	磺胺对甲氧嘧啶、二甲氧苄氨嘧啶片	兽药规范92版	28日
186	磺胺对甲氧嘧啶、二甲氧苄氨嘧啶预混剂	兽药典90版	28日，产蛋期禁用
187	磺胺对甲氧嘧啶片	兽药典2000版	28日
188	磺胺甲噁唑片	兽药典2000版	28日
189	磺胺间甲氧嘧啶片	兽药典2000版	28日
190	磺胺间甲氧嘧啶钠注射液	兽药典2000版	28日
191	磺胺脒片	兽药典2000版	28日
192	磺胺喹噁啉、二甲氧苄氨嘧啶预混剂	兽药典2000版	鸡10日，产蛋期禁用

续表

序号	兽药名称	执行标准	休药期
193	磺胺喹噁啉钠可溶性粉	兽药典 2000 版	鸡 10 日，产蛋期禁用
194	磺胺氯吡嗪钠可溶性粉	部颁标准	火鸡 4 日、肉鸡 1 日，产蛋期禁用
195	磺胺嘧啶片	兽药典 2000 版	牛 28 日
196	磺胺嘧啶钠注射液	兽药典 2000 版	牛 10 日，羊 18 日，猪 10 日，弃奶期 3 日
197	磺胺噻唑片	兽药典 2000 版	28 日
198	磺胺噻唑钠注射液	兽药典 2000 版	28 日
199	磷酸左旋咪唑片	兽药典 90 版	牛 2 日，羊 3 日，猪 3 日，禽 28 日，泌乳期禁用
200	磷酸左旋咪唑注射液	兽药典 90 版	牛 14 日，羊 28 日，猪 28 日，泌乳期禁用
201	磷酸哌嗪片（驱蛔灵片）	兽药典 2000 版	牛、羊 28 日、猪 21 日，禽 14 日
202	磷酸泰乐菌素预混剂	部颁标准	鸡、猪 5 日

不需制定休药期的兽药品种

不需制定休药期的兽药品种见表 3—14。

表 3—14　　　　不需制定休药期的兽药

序号	兽药名称	标准来源
1	乙酰胺注射液	兽药典 2000 版
2	二甲硅油	兽药典 2000 版
3	二巯丙磺钠注射液	兽药典 2000 版
4	三氯异氰脲酸粉	部颁标准
5	大黄碳酸氢钠片	兽药规范 92 版
6	山梨醇注射液	兽药典 2000 版
7	马来酸麦角新碱注射液	兽药典 2000 版
8	马来酸氯苯那敏片	兽药典 2000 版
9	马来酸氯苯那敏注射液	兽药典 2000 版
10	双氢氯噻嗪片	兽药规范 78 版
11	月苄三甲氯铵溶液	部颁标准
12	止血敏注射液	兽药规范 78 版
13	水杨酸软膏	兽药规范 65 版
14	丙酸睾酮注射液	兽药典 2000 版
15	右旋糖酐铁钴液射液（铁钴针注射液）	兽药规范 78 版
16	右旋糖酐 40 氯化钠注射液	兽药典 2000 版
17	右旋糖酐 40 葡萄糖注射液	兽药典 2000 版
18	右旋糖酐 70 氯化钠注射液	兽药典 2000 版
19	叶酸片	兽药典 2000 版
20	四环素醋酸可的松眼膏	兽药规范 78 版
21	对乙酰氨基酚片	兽药典 2000 版
22	对乙酰氨基酚注射液	兽药典 2000 版

序号	兽药名称	标准来源
23	尼可刹米注射液	兽药典 2000 版
24	甘露醇注射液	兽药典 2000 版
25	甲基硫酸新斯的明注射液	兽药规范 65 版
26	亚硝酸钠注射液	兽药典 2000 版
27	安络血注射液	兽药规范 92 版
28	次硝酸铋（碱式硝酸铋）	兽药典 2000 版
29	次碳酸铋（碱式碳酸铋）	兽药典 2000 版
30	呋塞米片	兽药典 2000 版
31	呋塞米注射液	兽药典 2000 版
32	辛氨乙甘酸溶液	部颁标准
33	乳酸钠注射液	兽药典 2000 版
34	注射用异戊巴比妥钠	兽药典 2000 版
35	注射用血促性素	兽药规范 92 版
36	注射用抗血促性素血清	部颁标准
37	注射用垂体促黄体素	兽药规范 78 版
38	注射用促黄体素释放激素 A_2	部颁标准
39	注射用促黄体素释放激素 A_3	部颁标准
40	注射用绒促性素	兽药典 2000 版
41	注射用硫代硫酸钠	兽药规范 65 版
42	注射用解磷定	兽药规范 65 版
43	苯扎溴铵溶液	兽药典 2000 版
44	青蒿琥酯片	部颁标准
45	鱼石脂软膏	兽药规范 78 版

续表

序号	兽药名称	标准来源
46	复方氯化钠注射液	兽药典 2000 版
47	复方氯胺酮注射液	部颁标准
48	复方磺胺噻唑软膏	兽药规范 78 版
49	复合维生素 B 注射液	兽药规范 78 版
50	宫炎清溶液	部颁标准
51	枸橼酸钠注射液	兽药规范 92 版
52	毒毛花苷 K 注射液	兽药典 2000 版
53	氢氯噻嗪片	兽药典 2000 版
54	洋地黄毒甙注射液	兽药规范 78 版
55	浓氯化钠注射液	兽药典 2000 版
56	重酒石酸去甲肾上腺素注射液	兽药典 2000 版
57	烟酰胺片	兽药典 2000 版
58	烟酰胺注射液	兽药典 2000 版
59	烟酸片	兽药典 2000 版
60	盐酸大观霉素、盐酸林可霉素可溶性粉	兽药典 2000 版
61	盐酸利多卡因注射液	兽药典 2000 版
62	盐酸肾上腺素注射液	兽药规范 78 版
63	盐酸甜菜碱预混剂	部颁标准
64	盐酸麻黄碱注射液	兽药规范 78 版
65	萘普生注射液	兽药典 2000 版
66	酚磺乙胺注射液	兽药典 2000 版
67	黄体酮注射液	兽药典 2000 版

序号	兽药名称	标准来源
68	氯化胆碱溶液	部颁标准
69	氯化钙注射液	兽药典 2000 版
70	氯化钙葡萄糖注射液	兽药典 2000 版
71	氯化氨甲酰甲胆碱注射液	兽药典 2000 版
72	氯化钾注射液	兽药典 2000 版
73	氯化琥珀胆碱注射液	兽药典 2000 版
74	氯甲酚溶液	部颁标准
75	硫代硫酸钠注射液	兽药典 2000 版
76	硫酸新霉素软膏	兽药规范 78 版
77	硫酸镁注射液	兽药典 2000 版
78	葡萄糖酸钙注射液	兽药典 2000 版
79	溴化钙注射液	兽药规范 78 版
80	碘化钾片	兽药典 2000 版
81	碱式碳酸铋片	兽药典 2000 版
82	碳酸氢钠片	兽药典 2000 版
83	碳酸氢钠注射液	兽药典 2000 版
84	醋酸泼尼松眼膏	兽药典 2000 版
85	醋酸氟轻松软膏	兽药典 2000 版
86	硼葡萄糖酸钙注射液	部颁标准
87	输血用枸橼酸钠注射液	兽药规范 78 版
88	硝酸士的宁注射液	兽药典 2000 版
89	醋酸可的松注射液	兽药典 2000 版
90	碘解磷定注射液	兽药典 2000 版

续表

序号	兽药名称	标准来源
91	中药及中药成分制剂、维生素类、微量元素类、兽用消毒剂、生物制品类五类产品（产品质量标准中有规定的除外）	

话题 5　病死动物无害化处理

病死动物无害化处理存在的问题

随着畜牧业生产规模化与集约化养殖的增多，病死动物尸体处理的问题面临着越来越严峻的考验与挑战。一方面，由于畜禽一次性死亡数量大，经济损失严重，病死动物处理难度日益增大。另一方面，由于病死动物可能引发疫病传播或食品卫生事件等问题，使其处理日显重要。故此，农业部于 2005 年 10 月 21 日发布了《病死及死因不明动物处置办法（试行）》（农医发〔2005〕25 号）。

病死及死因不明动物处置办法

为规范病死及死因不明动物的处置，消灭传染源，防止疫情扩散，保障畜牧业生产和公共卫生安全，《病死及死因不明动物处置办法（试行）》规定：

● 任何单位和个人发现病死或死因不明动物时，应当立即报

告当地动物防疫监督机构，并做好临时看管工作。

　　● 任何单位和个人不得随意处置及出售、转运、加工和食用病死或死因不明动物。

　　● 所在地动物防疫监督机构接到报告后，应立即派员到现场作初步诊断分析，能确定死亡病因的，应按照国家相应动物疫病防治技术规范的规定进行处理。对非动物疫病引起死亡的动物，应在当地动物防疫监督机构指导下进行处理。

● 对病死但不能确定死亡病因的，当地动物防疫监督机构应立即采样送县级以上动物防疫监督机构确诊。要在动物防疫监督机构的监督下对病死动物尸体进行深埋、化制、焚烧等无害化处理。

● 对发病快、死亡率高等重大动物疫情，要按有关规定及时上报，对死亡动物及发病动物不得随意进行解剖，要由动物防疫监督机构采取临时性的控制措施，并采样送省级动物防疫监督机构或农业部指定的实验室进行确诊。

● 对怀疑是外来病，或者是国内新发疫病，应立即按规定逐级报至省级动物防疫监督机构，对动物尸体及发病动物不得随意进行解剖。经省级动物防疫监督机构初步诊断为疑似外来病，或者是国内新发疫病的，应立即报告农业部，并将病料送国家外来动物疫病诊断中心（农业部动物检疫所）或农业部指定的实验室进行诊断。

● 发现病死及死因不明动物所在地的县级以上动物防疫监督机构，应当及时组织开展死亡原因或流行病学调查，掌握疫情发生、发展和流行情况，为疫情的确诊、控制提供依据。出现大批动物死亡事件或发生重大动物疫情的，由省级动物防疫监督机构组织进行死亡原因或流行病学调查，属于外来病或国内新发疫病，国家动物流行病学研究中心及农业部指定的疫病诊断实验室要派人协助进行流行病学调查工作。

● 除发生疫情的当地县级以上动物防疫监督机构外，任何单位和个人未经省级兽医行政主管部门批准，不得到疫区采样、分离病原、进行流行病学调查。当地动物防疫监督机构或获准到疫区采样和流行病学调查的单位和个人，未经原审批的省级兽医行政主管部门批准，不得向其他单位和个人提供所采集的病料及相关样品和资料。

● 在对病死及死因不明动物采样、诊断、流行病学调查、无害化处理等过程中，要采取有效措施，做好个人防护和消毒工作。

● 发生动物疫情后，动物防疫监督机构应立即按规定逐级报告疫情，并依法对疫情作进一步处置，防止疫情扩散蔓延。动物疫情监测机构要按规定做好疫情监测工作。

● 确诊为人畜共患疫病时，兽医行政主管部门要及时向同级卫生行政主管部门通报。

● 各地应根据实际情况，建立病死及死因不明动物举报制度，并公布举报电话。对举报有功的人员，应给予适当奖励。

● 对病死及死因不明动物各项处理，各级动物防疫监督机构要按规定做好相关记录、归档等工作。

● 对违反规定经营病死及死因不明动物的或不按规定处理病死及死因不明动物的单位和个人，按《动物防疫法》有关规定处理。

● 各级兽医行政主管部门要采取多种形式，宣传随意处置及出售、转运、加工和食用病死或死因不明动物的危害性，提高群众防病意识和自我保护能力。

第四讲

科学用药增疗效

兽药使用专业强，科学合理莫要忘，正确给药巧配伍，增强疗效保安康。

话题1　科学的给药途径与方法

　　动物种类不同，其给药方式各不相同，规模化养殖与散户养殖所要求的给药方式也不一样，药物种类不同，最佳给药方式亦不相同。给药途径不同，药物吸收的量和速度也不一样。药物吸收速度的顺序为：静脉＞腹腔＞吸入＞肌肉＞皮下＞直肠黏膜＞口服＞皮肤。在实际生产中，应根据动物种类、病情需要、药物性质、养殖规模等选择适当的给药途径。

 **个体给药法**

1. 注射给药

注射方式如图 4—1 所示。

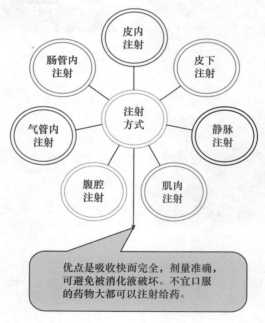

图 4—1　注射方式

（1）静脉注射

静脉注射是指把血液、药液、营养液等液体物质直接注射到体表明显的静脉中，多用于补液。

注意事项：药液不能有气泡，否则会形成栓塞而致动物死亡，注射钙剂要缓慢，药量大时要加温等。短暂性静脉注射是用针筒直接将药液注入静脉，即常说的"打针"，连续性静脉注射即为"点滴"或"输液"。

● **兔耳静脉注射法**　注射部位为耳背侧的耳缘静脉。将兔放在固定箱内或由助手固定，剪去耳缘静脉处粗毛，擦净耳壳，用手指轻弹或以酒精棉球反复涂搽，待血管扩张后，于根部压近耳缘静脉，待其充血后，左手拇指食指捏住耳尖部，右手持注射器，从静脉近末梢处刺入血管，当针头进入血管内后，用手指固定，放开对耳根的压迫，缓慢注射。若感觉畅通无阻，并见血液被药液冲走，证明注射成功，如未进入血管而在皮下，会感觉阻力大且耳壳肿胀，应拔出针头，再于前次针眼上方重新注射。注射完毕，用棉球或手指按压 1 min，防止出血。注射量一般为 0.5 mL/kg 体重。

● **犬、猫的静脉注射法**　犬选择后肢外侧面的小隐静脉或前肢正中静脉，猫多用后肢内侧大隐静脉。犬后肢外侧面小隐静脉在后肢胫部下 1/3 的外侧浅表皮下，犬前肢正中静脉位于前肢内侧面皮下正中位置，猫后肢内侧面大隐静脉在后肢膝部内侧浅表的皮下。局部剪毛和消毒，用止血带扎住靠近心脏一端，待静脉怒张后，与皮肤成 15°~20° 角，入针于血管，解开止血带，固定针头，缓慢注射。完毕后迅速拔出针头，用药棉压迫针孔，止血后再涂布碘酊。此法适用于大量注入药液，一般注入急需奏效或刺激性较强的药物等。

● **猪的静脉注射法**　取猪站立或侧卧姿势,耳静脉局部剪毛、消毒。用手按住猪耳背面根部的静脉，使其怒张，并以手指弹扣或以酒精棉球反复涂搽使血管充盈。用左手拇指按住猪耳背面，其余四指垫于耳下，将耳拖平并使注射部位稍高，右手持连接针头的注射器，向心方向沿耳静脉径路刺入血管内（沿静脉血管使针头与皮肤成 30°~45° 角），轻轻抽动针筒活塞，见有回血时，再将针筒放平并沿血管向前进针，然后用左手拇指按住针头结合部分，右手慢慢推进药液。注射完毕，用酒精棉球压住针孔，右手迅速拔针，然后涂搽碘酊。

● **鸡翅静脉注射法** 鸡静脉注射很少用。当病情较重，消化道难以给药时，一般应选择静脉注射。将鸡翅展开，露出腋窝部，去毛，可见翼根静脉，即可进行药物注射。

● **马、牛的静脉注射法** 药量大、对局部有强刺激性时，可选择在颈静脉处注射。在颈静脉沟上 1/3 处，局部消毒，用左手拇指横压在注射部位稍下方（近心端）的颈静脉沟上，使血管充盈怒张，右手持针，针尖斜面朝上，沿颈静脉径路，在压迫点前上方约 2 cm 处，使针头与皮肤成 30°~45° 角，准确迅速刺入静脉内，能感到针端空虚或听到清脆声，见有回血后，再沿脉管向前顺针，松开左手，同时用拇指、食指固定针头结合部分，靠近皮肤，放低右手，减少其间角度，平稳推动针筒活塞，慢慢推注药液。输液吊瓶时，位置与方法同上，入针后，将吊瓶放低，见有回血时，再将输液瓶提至与动物头同高，用夹子或胶布固定输液管于颈部皮肤，调节注射速度，药液会缓慢流入静脉血管内。马静脉注射如图 4—2 所示，马静脉输液如图 4—3 所示。

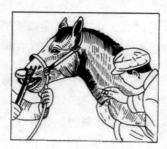

图 4—2　马静脉注射示意

● **牛乳静脉注射** 将针头和乳静脉常规消毒，站于牛体右侧，面向牛头部，左手扶于牛背部，右手持已消毒好的 16 号或 12 号静脉注射针头，以 15°~30° 斜角快速刺入乳静脉（选择较直的乳静脉段），随后连接输液管即可。

● **羊静脉注射法** 羊静脉注射部位是颈静脉。先用左手按压静脉靠近心脏的一端，使其充血怒张，

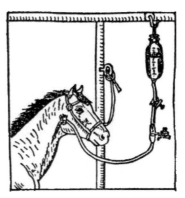

图 4—3 马静脉输液图

右手持注射器，将针头向上刺入静脉内，如有血液回流，则表示已插入静脉内，然后用右手推动活塞，将药液注入。药液注射完毕后，左手按住刺入孔，右手拔针，在注射处涂搽碘酒即可。

（2）肌肉注射

肌肉注射是常用的药物注射方法，是指通过注射器直接将药液注入肌肉组织内。注射部位有硬结、感染时，不宜选择肌肉注射。不宜做静脉注射，要求比皮下注射更快发生疗效时，以及注射刺激性较强（如氯化钙等）或药量较大的药物时，可选择肌肉注射。肌肉注射时应注意不要损伤大血管、神经和骨骼。

● **兔肌肉注射** 一般选臀肌和大腿部丰满处肌肉作为注射点。由助手绑好兔子，局部剪毛消毒后，术者左手固定注射部位的皮肤，右手持注射器，使注射器与肌肉成 60° 角刺入肌肉中，为防止药液进入血管，注射药液前应轻轻回抽针栓，如无回血，即可缓缓注入药液。注射完后用酒精棉按压片刻。

● **鸡肌肉注射** 注射的部位有腿肌、胸肌和翼根内侧肌肉等，针头一定要倾斜刺入肌肉。部分疫苗可选用肌肉注射法，如油苗、

新城疫Ⅰ系苗、克隆30、新城疫Ⅳ系苗、霉形体苗、新城疫禽流感重组二联冻干苗等。

● **大动物肌肉注射**　大动物肌肉注射一般选择颈部和臀部肌肉，要避开大血管和神经。动物保定后，局部消毒，注射器针头与皮肤成垂直的角度，迅速刺入 2~4 cm，然后抽动针筒活塞，确认无回血时，即可注入药液。药液注射完毕后，用酒精棉球压迫针孔，迅速拔出针头，片刻后，局部消毒，并稍加按摩即可。

● **肌肉注射注意事项**

◇过强的刺激药，如水合氯醛、氯化钙、水杨酸钠等，不能采用肌肉注射。

◇需要两种药液同时注射时，应注意配伍禁忌。

◇回抽无回血时，方可注射。

◇定位应准确，避免损伤神经或刺伤血管。

◇切勿将针头全部刺入，以防针头从衔接处折断。一旦针头折断，应保持局部及肢体不动，迅速用血管钳夹住断端将其拔出，如断端全部进入肌肉，只能手术取出。

◇长期肌肉注射时，要经常更换注射部位，以防局部组织硬结，如出现硬结，可采取热水袋或热湿敷等处理。

（3）皮下注射和皮内注射

小动物有时要用皮下注射的方法，即将药液注射到所选部位皮肤和肌肉之间的缝隙中，有时因需要还会注射到皮肤内。

● **兔皮下注射**　疫苗、药液注射量较大或注射不易吸收的油乳剂等用皮下注射，部位一般选择耳根后部、颈部、腋下、股内侧或腹下皮肤薄、松软、易移动的部位。程序是局部剪毛后用碘酊消毒，用 70% 酒精棉球擦拭，然后用左手拇指、食指和中指将皮肤提起，呈三角形，用右手将注射器于三角形基部垂直刺入皮肤下约 15 cm 处，松开皮肤，不见回血后可注药。注射完毕后拔出针头，用酒精棉球压迫 1 min。

● **兔皮内注射**　注射疫苗时选择该方法，通常选腰部和欣部的皮肤。剪毛后消毒，将皮肤展平，使针头与皮肤成 30° 角刺入真皮，缓慢注入药液。推药时阻力大，注药部位出现一小丘疹状隆起时，说明注射成功。有时注射药量大，如果在同一个地方注射会有药液外溢现象，为防止该现象发生，可采用多点注射，每点药量应低于 0.5 mL。

● **羊皮下注射**　一般选择羊的颈部或股内侧松软皮肤。程序是先剪净毛，涂上碘酒，用左手提起注射部位皮肤，右手持注射器将针头斜向刺进皮肤，如针头能自由活动，注入药液。注射完毕后，拔出针头，用酒精棉球按压约 1 min 即可。

● **犬皮下注射**　最适合的部位是肩至腰的背部。将犬保定后，给所选部位局部消毒，一手提起皮肤，另一手持注射器将针头刺入皮下 1~2 cm，将药液注入。拔出针头并止血后，轻轻按摩注射部分，有利于药液的扩散和吸收。

（4）腹腔注射

腹腔注射给药的优点是药量大，药液接触面积广，药物的吸收速度快。腹腔注射多用于不能够内服或静脉注射的患畜，主要是补充营养性液体，不能用于注射刺激性药物。适宜腹腔注射的动物有猪、兔、犬等。

● **猪的腹腔注射**　提起后肢，手持注射器将针刺入腹腔，推入药液，防止伤及肠道。

● 兔的腹腔注射　注射部位应选脐后部腹底壁，偏腹中线左侧 3 mm，一般用 25 cm 的针头，剪毛消毒后，抬高兔子后躯，对着脊柱方向刺针，回抽活塞。当兔膀胱空虚时，腹腔注射最为适宜。

● 犬的腹腔注射　注射部位通常选择耻骨前缘 2~5 cm 腹正中线两端。注射器针头垂直刺入腹膜腔 2~3 cm 处，回抽无气泡、血及脏器内容物后，就可以慢慢注入药物。完毕后拔出针头，在局部涂以碘酊消毒。

（5）气管内注射

气管内注射是将药液直接注入气管内的一种方法。一般不采用，除非特殊情况，如有些药物需要气管内给药时才选择。

● 犬气管内注射　注射部位在颈腹侧上 1/3 下界的正中线上，在第 4、5 气管环间，局部消毒后，将针头垂直刺入 1~15 cm，然后慢慢注入药物。完毕后拔出针头，局部涂以碘酊。常用于治疗呼吸系统疾病或进行抢救时，主要选用一些抗生素，如卡那霉素、阿米卡星以及急救药物（心脏骤停用肾上腺素）等。

● 兔气管内注射　注射部位选在颈上 1/3 下界正中线上，剪毛消毒后，垂直刺入针头，刺入气管后，当阻力消失，回抽有气体时，慢慢注药。气管内注射用于治疗气管、肺部疾病及肺部驱虫等，药液应加温，每次用药的剂量不宜过多。药液应具有可溶性，且容易吸收。

2. 口服及胃管投服给药

（1）口服给药

药物经口内服，通过胃肠道吸收作用于全身，或在胃肠道局部发挥作用。其优点是操作简单，适用于大多数药物。许多疾病早期，口服给药具有疗效明显、治疗费用低廉等优点。尤其是用于驱肠道寄生虫或治疗、某些消化道疾病如消化不良、便秘或胃肠炎等，药物直接作用于胃肠内容物或胃肠黏膜后发挥药效，因此疗效迅速可靠。但患病动物有吞咽困难、呕吐、食管和胃肠道阻塞、头部或颈部有创伤等情况时，不能选择口服给药，选用注射给药效果会更好。

动物经口服给药的种类比较多，有的在给食前，有的则在给食后，根据不同情况而定。给食前服用的药物有苦味健胃药、收敛止泻药、胃肠解痉药等，刺激性强的药物应在饲喂后服用。如果有下列情况之一时，如牲畜病情危急、昏迷、呕吐时，刺激性大、对胃肠道黏膜有损伤的药物，或能被消化液破坏的药物就不能选择口服给药。

● 犬口服给药　犬口服给药包括裹食诱服法、投药法、灌药法，各方法具体内容见表4—1。

表4—1　　　　　　　　　犬口服给药法

裹食诱服法	投药法	灌药法
适合于有食欲的犬	适合于厌食的犬	适合于液体药物
将药物裹于平时爱吃的食物中，让其自行咽下	左手从犬鼻背部用拇指和中指挤压口角打开口腔，右手拿药匙、镊子或直接用手指将药片、药丸、胶囊等送于舌根部位。投药后立即抽出匙、镊子或手指，迅速合拢口腔并抬高其下颌，或用手掌叩打其下颌或咽部或给少量的水，以诱发其吞咽动作	将药液装入注射器内，让犬坐立，拉紧脖圈，固定上下颌，使其头部稍仰。投药者一手持注射器（去针头），一手自一侧打开口角，将注射器伸入犬口内，缓缓注药，让犬自然吞咽，咽完再注。不可一次注入过多药物，以免呛着。无明显刺激性的药片、药丸、胶囊也可用水溶解成混悬液，如此喂服

●**猪的灌药法**　固定仔猪两后肢，左手从其耳后握住头部，使猪腹部朝前，头部抬高，灌药的人用左手打开口腔，右手持喂药匙或不接针头的金属注射器从口角插入口腔，徐徐灌入或注入药液。仔猪、育成猪或后备猪灌药时，助手握住两条前肢，猪腹部向前，使其头仰起，将猪的身体后躯夹在两腿中间灌药。给大猪灌药时，使其仰卧于较长的食槽中或地上，另外一个人用开口器或小木棒撬开猪嘴，然后用药匙或小灌角将药液慢慢灌入。如果是片剂、丸剂可直接从口角处送入舌根下部，舔剂可用药匙或竹片送到舌根，猪闭嘴后会自行咽下。猪的灌药法如图4—4所示。

●**牛的灌药法**　牛经口灌药多用橡胶瓶、长颈玻璃瓶或专用的牛角状器皿，有时也可以用竹筒。将牛拴于树桩或其他地方，一个人一手握牛角根，另一手抓住鼻中隔（最好用鼻钳）将牛头略微抬高，另一个人左手从牛侧面口角处伸进去，打开口腔压住舌头，右手将灌药瓶伸入灌药，节奏应与吞咽动作相一致，直至灌完。如果牛的性格乖巧或是小牛，也可一人操作。牛的灌药法如图4—5所示。

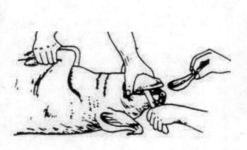

图4—4　猪的灌药法

图4—5　牛的灌药法

●**马属动物灌药法**　马属动物经口灌药通常用灌角或灌注橡胶瓶。让动物处站立势，拴于树桩或柱栏横杆上，拉紧头部并稍向上仰起，使其口角与耳角平行。一人把住笼头固定住头部，灌药者站在右前方或左前方，一手持药盆，另一手持盛药瓶，自一侧口角通过门臼齿空隙插入口中，压住舌头送向舌根，抬高灌角柄部，将药液灌入，抽出灌角，待其咽下后再灌，直至最后灌完。如果经常灌药，技术熟练者，也可一人操作。马属动物灌药法如图4—6所示。

图4—6　马属动物灌药法

●**兔口服给药法**　对药量大或不吃食的病兔，可把药碾细加少量水调匀，用注射器或滴管从口角齿槽间隙处向口腔后部插入，徐徐注入药液，让其自行吞咽，也可用小药匙插入口角，给兔子小口喂药并让其自然咽下。如果是片剂或丸剂，将兔子绑定后，灌药者一手稳住头部并使其口张开，用弯镊子或筷子夹取药片（丸），送入其会厌部，使兔子吞下。

●**羊口服给药法**　将稀薄药液倒入细口长颈玻璃瓶或胶皮瓶，抬高羊嘴巴，灌药者右手拿药瓶，左手食指、中指自羊右口角伸入羊口中，轻轻压住舌头并撬开羊口，然后将药瓶口从左口角伸入羊口中并抽出左手，待瓶口伸到舌头中段，抬高瓶底，将药液灌入。

（2）胃管投药

● **猪胃管投药法**　猪一般采用经口插入胃的方法投药，给40 kg以下的小猪灌药时，一人抓住猪两耳并将前驱夹于两腿间，猪体较大可使用鼻端固定法或采用侧卧姿势绑定。灌药者用木棒撬开猪口腔，装上投药专用横木开口器，固定于两耳后。将胃导管涂以液状石蜡后从横木开口器中间孔插入食道内，动作要慢，应随其吞咽动作插入，插入过程中，要用一盆水鉴别是否误入气管，如有气泡，说明应立即抽出，并重新操作，如无气泡，说明插入正常，插入长度为嘴端至胸前的距离。插入后，以漏斗连接于胃导管上端，提至适当高度，将药液倒入漏斗即可使药液进入猪胃内，灌完后，再灌少量清水，然后取出胃导管，拿下开口器。

● **牛胃导管给药法**　将木质开口器放入牛口内，系于两角根上。固定牛头，灌药者持胃导管插入，方法同猪的胃导管投药。如果没有木质开口器，也可从牛鼻孔内插入胃导管。牛的胃导管给药法如图4—7所示。

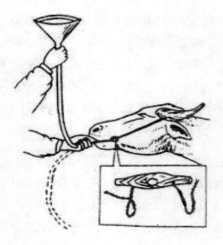

图4—7　牛的胃导管给药法

胃导管灌药鉴别方法见表4—2。

表 4—2 胃管灌药鉴别方法

鉴别方法	插入食道内	误入气管内
手感和观察反应	胃管前端到达咽部时稍有抵抗感,易引起吞咽动作,随吞咽胃管进入食道,推送胃管稍有阻力感,发滞	无吞咽动作,无阻力,有时引起咳嗽,误入气管后推送胃管不受阻
观察食道的变化	胃管前端在食道沟呈明显的波浪式蠕动下行	无
向胃内充气反应	随气流进入,颈沟部可见有明显波动,同时压挤橡皮球将气体排空后,不再鼓起,进气停止而有一种回声	无波动感,压橡皮球后立即鼓起,无回声
将胃管外端放在耳边听	听到不规则的"咕噜"声或水泡声,无气流冲击耳边	随呼吸动作听到有节奏的呼出气流音,冲击耳边
将胃管外端浸入水盆内	水内无气泡	随呼吸动作水内出现气泡
触摸颈沟部	手摸颈沟区感到有一硬的管索状物	无
鼻嗅胃管外端气味	有胃内酸臭气	无

● **马属动物胃管给药法** 马属动物一般是经鼻孔插入胃导管。将马绑定,固定其头部,使其头颈不能过度前伸。在胃导管上涂上石蜡油或植物油,灌药者站于动物一侧,一手掀开马的鼻翼,另一手持胃导管与鼻翼一并捏紧,待其安静后,将导管慢慢插入至咽喉部,有阻力感觉时,可将胃管向左(右)下方稍稍拨转,

当马吞咽时顺势推进胃导管，进入食道。插好胃导管后，将胃导管紧贴鼻翼，连接漏斗，灌入药液。灌完药后，再灌入少量清水，取下漏斗，折转管口，缓缓抽出胃导管。马的胃导管给药法如图4—8所示。

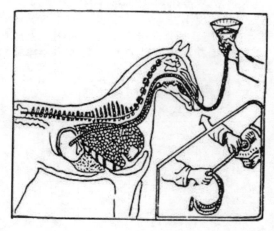

图4—8　马的胃导管给药法

●**兔胃管给药法**　绑定病兔，固定其头部，使兔头、颈、躯干成一条直线，不要弯曲，用开口器（小木或竹板，长10 cm，宽18~22 cm，厚0.5 cm，正中开一比胃管稍大的小圆孔）插入兔左右齿槽间隙处，压住舌部。将人医用8号导尿管慢慢送入其食道下部，约20 cm就可到达胃部。插入过程中，将导管另一端放入一盛水的杯，如随呼吸运动无气泡逸出，即插入正确，误入气管时，会随呼吸运动出现气泡，应抽出重插。当确认导管进入胃内后，连接漏斗或注射器，即可投药。投药完毕，用手指堵住管口，慢慢拔出胃管，取下开口器。

●**羊胃管给药法**　方法有两种：一是经鼻腔插入羊胃，二是经口腔插入羊胃。经鼻腔插入是将胃导管插入鼻孔，沿下鼻道慢慢送入，到达其咽部时会有阻挡感觉，待羊吞咽时趁机将导管送入食道，如不吞咽，可轻轻来回抽动胃管，诱发吞咽再送入。胃导管通过咽部后，如进入食道，继续进入会有阻力感，这时向胃导管内用力吹气，发现左侧颈沟有起伏，表明胃导管正确进入食道。如胃导管误入气管，向胃导管吹气，左侧颈沟看不到波动，用手在左侧颈沟胸腔入口处摸不到胃导管，管末端会有气流出现，出现这种情况应重新操作。如胃导管送入正确并到达胃内后，会有酸臭气味排出，将胃导管放低时则流出胃内容物。经口腔插入，与兔子和猪胃管给药的方法一样。胃导管插入正确后，即可接上漏斗灌药。药液灌完后，再灌少量清水，然后取掉漏斗，往胃导管内吹气，使胃导管内残留的液体完全入胃，然后折叠胃导管，慢慢抽出。

 **群体给药**

随着现代畜牧业的发展，动物养殖规模化和集约化程度逐步提高，给药方式也有很大转变，个体给药方式已不适应现代畜牧养殖要求。所以，为了防治动物疾病，促进动物生长发育，减少个体给药带来的不良影响，常采用动物群体给药方法，如混饲法、饮水法、气雾法，药浴等。饲料混饲和饮水给药方法应用较多，操作简便易行。

1. 饮水给药法

饮水给药法适用于鸡、兔等家禽，凡易溶于水的药物使用饮水给药法效果较好。饮水给药法是将药物溶解于水中，让动物自由饮用，适合于短时间内的用药、紧急治疗、患病动物不能采食但尚能饮水的情况。

2. 混饲给药法

混饲给药法适合于多种动物，是将药物均匀地混入饲料中让动物食用。该方法适用于长期投药、预防性药物或不溶于水的药物。混饲给药法的注意事项有以下几点：

● 严格按照药品说明书，正确使用药物和剂量等。

● 拌料要均匀，避免出现部分畜禽因用药过量而中毒，部分畜禽因用药不足而达不到治疗效果的现象。

● 注意休药期。

● 禁止使用违禁药物。

3. 气雾给药法

气雾给药法是指用喷雾器等将溶解于水的药物或液体药物气雾化喷于栏舍等环境中，让鸡等动物通过呼吸道吸入，尤其适用于呼吸道疾病，药物也可经肺泡吸收进入血液而起到治疗的效果。药物喷于皮肤或黏膜表面，有保护创面、消毒、局部麻醉、止血等功效。不是所有的药物均适宜采用该方法，要遵循药品说明书。

4. 其他外部给药法

其他外部给药法，如药浴、喷洒、熏蒸、涂布、洗涤等，主要用于一些寄生虫、皮肤病等。羊的药浴比较多，有池浴法、淋浴法、盆浴法等。

5. 环境用药

环境用药用于畜禽舍、用具和周围环境的消毒。在饲养环境中按季节定期喷洒杀虫剂，以控制寄生虫及蚊蝇等。为防止传染病，必要时喷洒消毒剂或采用环境熏蒸法，以杀灭环境中存在的病原微生物。

 ## 特殊部位给药

1. 鸡的特殊部位给药

● 蛋内注射　蛋内注射是指把有效药物直接注射入种蛋内，以消灭某些能通过种蛋垂直传播的病原微生物，如鸡白痢沙门氏菌、鸡败血霉形体、滑膜霉形体等。蛋的注射也可用于孵化期间胚胎注射维生素 B_1，以降低或完全防止种鸡缺乏维生素 B_1 而造成的后期胚胎死亡。蛋内注射也可用于马立克病疫苗的胚胎免疫。

● 嗉注射法　嗉注射法适用于注射有刺激性及要求药量准确的药物，当鸡张嘴困难而又急需服药时采用。

● 点眼、滴鼻、刺皮等方法　点眼、滴鼻就是用滴管把药液滴到鸡的眼或鼻孔内，主要用于鸡的免疫或局部用药。刺皮只在使用鸡痘疫苗时才用，即在鸡冠外或腿、翅、胸部等皮肤用针或蘸药液画一下。

2. 兔等动物的特殊部位给药

● 灌肠　直肠给药（灌肠）可避免药物内服吸收后损坏肝脏，适用于不能内服或静脉注射的患畜。先将药液加热至接近体温，再将病兔保定，使其后躯稍高，用一条口径适中的橡皮管（如人医用导尿管等），在前端涂上润滑剂，缓慢地插入直肠 8~10 cm 处，再接上吸有药液的注射器，把药液注入直肠内。

●**点眼**　用手指将兔的下眼睑内角处捏起，滴药液于眼睑与眼球间的结膜囊内，每次滴入 2~3 滴，每隔 2~4 h 滴一次。如为膏剂，则将药物挤入结膜囊内。药物滴入结膜囊内后，稍活动一下眼睑，不要立即松开手指，以防药物被挤出。点眼常用于结膜炎时的治疗或眼球检查。

3. 羊灌肠

羊的灌肠给药是用小橡皮管将药液直接灌入直肠。先将直肠内粪便排出，在橡皮管前端涂布凡士林，插入直肠内，橡皮管盛药部分应高于羊背部，以防药物排出。药液的温度应与羊体温一致。

4. 犬的特殊部位给药

●**直肠投药法**　直肠投药法用于向肛门内插入消炎、退热、止血等栓剂类药物。将犬站立保定，左手抬起犬尾，右手持栓剂插入肛门，并将栓剂缓缓推入，然后按压肛门数分钟，犬不出现肛门努责即可。使用液体药剂时，用一根 12~18 号导尿管经肛门插入直肠内 8~10 cm 处，然后用注射器吸药向导尿管内注射，完毕后拔出导管，压迫肛门片刻，以防犬努责排出药液。投给的药液应与犬体温一致，且无刺激性，如果药液量大，应再向深部插入导管。拔出导管时，不要松开闭塞肛门的手，待其不再用力时，缓慢松开。

●**耳内给药法**　将犬头部固定，进行患耳的清洁后，将治疗用的油剂或膏剂等耳药点入患耳内。膏剂涂后要轻轻按摩，不能向耳内投给水剂和粉剂。

●**心腔注射法**　注射部位在胸两侧第三、四肋间，肩关节水平线交汇处。在局部剪毛消毒后，使针头垂直刺入皮肤 6~8 cm，当回抽有血液时，说明刺入心腔，可注入药物，完毕后涂碘酊压迫片刻。此法适于注射急需起作用的药物。在心脏骤停抢救药物的投给、严重低血容量性休克时快速抢救的补液、新生犬的补液、严重烧伤、过肥、水肿、外周血管栓塞或凝血时选用。

● **点眼给药法**　犬每侧结膜囊只能承受 2 滴眼药水，大部分眼药水仅能维持 2 h，液体药物的点眼间隔为 2 h，软膏的间隔则为 4 h。

● **穴位注射法**　穴位注射又称"水针"，是选用中西药物注入穴位以治疗疾病的一种方法。穴位注射法是用注射器的针头代替针具刺入穴位，把针刺的作用及药物对穴位的渗透刺激作用结合在一起综合发挥效能，故能提高某些疾病的疗效。常用注射器规格为 1 mL、2 mL、5 mL、10 mL、20 mL，针头为 5~7 号普通注射针头。凡是可供肌肉注射用的药物，都可穴位注射，一般由专业人士完成。

话题 2　科学配伍增疗效

常用抗菌药物增效配伍

1. 青霉素类药物

● **常用药**　青霉素、氨苄青霉素（氨苄西林）、青霉素 V、氯唑青霉素、阿莫西林等。

常用药有青霉素、氨苄青霉素（氨苄西林）、青霉素V、氯唑青霉素、阿莫西林等。

● **药物适应证** 对葡萄球菌、链球菌等部分菌类效果较好，对大肠杆菌、鸡白痢、绿脓杆菌病效果比庆大霉素和卡那霉素差。青霉素V耐鸡胃中的酸，与抗球虫药物配合使用，能防治球虫发病后继发的细菌病。

● **临床效果** 抗金黄色葡萄球菌效果：氯唑青霉素＞苯唑青霉素＞阿莫西林＞青霉素。抗大肠杆菌、绿脓杆菌效果：羧苄青霉素＞阿莫西林＞青霉素。

● **药物配伍**　阿莫西林可以与硫酸链霉素、庆大霉素、氯霉素及其他半合成青霉素搭配。阿莫西林配合克拉维酸，可以使抗菌活性提高 1 000 倍，配方比例为 4 : 1。阿莫西林配合磺胺增效剂（TMP），常用比例为 5 : 1，可增强治疗大肠杆菌的效果。阿莫西林配合盐酸环丙沙星，亦能增强抗大肠杆菌的效果。氨苄西林配合盐酸环丙沙星（比例为 3 : 1），氨苄西林配合硫酸链霉素（比例为 1 : 3）效果好。

2. 头孢菌素类药物

● **常用药**　第一代头孢菌素类药物有头孢拉定、头孢唑啉（仅供注射）、头孢氨苄、头孢噻吩、头孢羟氨苄等，第二代头孢菌素类药物有头孢孟多、头孢呋辛、头孢替安等，第三代头孢菌素类药物有头孢噻肟钠、头孢拉定、头孢哌酮钠、头孢唑肟、头孢噻呋等。

● **药物适应证**　头孢氨苄用于治疗鸡金黄色葡萄球菌和大肠杆菌病。头孢呋辛用于治疗沙门氏菌、大肠杆菌。头孢噻呋用于治疗鸡沙门氏菌、大肠杆菌病和绿脓杆菌，还可防治鸭疫巴氏杆菌病。头孢噻呋钠盐与马立克苗混合后在 4 ℃作用 20 h 后，可显著降低出壳小鸡死亡率。

● **临床效果**　防治金黄色葡萄球菌、链球菌的效果：头孢拉定、头孢唑啉、头孢噻吩、头孢氨苄 > 头孢孟多 > 头孢呋辛 > 头孢他定。防治大肠杆菌、沙门氏菌、鸭疫巴氏杆菌的效果：头孢噻呋、头孢噻肟钠 > 头孢拉定、头孢氨苄。防治绿脓杆菌的效果：头孢噻肟钠、头孢噻呋 > 头孢孟多 > 头孢氨苄。

● **药物配伍**　头孢菌素类与庆大霉素、卡那霉素、新霉素等联合应用，可产生协同或相加作用。但头孢噻呋主要排泄途径为肾脏，所以肾毒性比较强，不能与其他肾脏毒性较强的药物，如阿米卡星、庆大霉素等氨基糖苷类抗生素联合应用。肾功能不全的动物应适当调整给药剂量。

3. 氨基糖苷类药物

● **常用药**　阿米卡星、壮观霉素、新霉素、庆大霉素、卡那霉素、链霉素等。

● **药物适应证**　治疗支原体病、大肠杆菌、鸡白痢、绿脓杆菌病、葡萄球菌、链球菌病等。

● **临床效果**　治疗大肠杆菌和绿脓杆菌的效果：阿米卡星、壮观霉素＞新霉素＞庆大霉素＞卡那霉素＞链霉素。治疗鸭疫巴氏杆菌的效果：阿米卡星＞庆大霉素＞卡那霉素。

● **药物配伍**　庆大霉素、卡那霉素、新霉素口服吸收较差，对全身的感染治疗效果不理想，所以需配合其他药物。常见配伍有：

⊙新霉素配合强力霉素、氯霉素、四环素等，目的是提高治疗大肠杆菌病的效果。

⊙庆大霉素配合氯霉素、TMP、头孢氨苄等。

⊙卡那霉素配合TMP、壮观霉素与林可霉素配合使用。

4. 喹诺酮类药物

● **常用药**　沙星类药物等。

● **药物适应证**　既用于慢性呼吸道病的治疗，也用于大肠杆菌、鸡白痢、金黄色葡萄球菌、链球菌等病的治疗。左旋氧氟沙星、单诺沙星、环丙沙星等的敏感性呈中等敏感，单诺沙星已广泛应用于牛、猪和禽类等动物的肺部感染、泌尿生殖系统感染及支原体引起的疾病等。此类药物的使用效果远远超过传统土霉素、庆大霉素、泰乐菌素及 TMP + 磺胺类药物等。

● **临床效果** 治疗慢性呼吸道病和大肠杆菌病的效果：单诺沙星 > 左氟沙星 > 环丙沙星 > 氧氟沙星 > 恩诺沙星 > 诺氟沙星。

● **药物配伍** 常常与抗病毒类药配合使用，包括病毒灵、金刚烷胺、金刚乙胺、病毒唑等。如盐酸环丙 + 盐酸金刚烷胺 + 盐酸吗啉呱 + 阿司匹林，盐酸恩诺 + 盐酸吗啉呱 + 阿司匹林，恩诺 + 金刚烷胺 +TMP+ 氨基比林。沙星类药物和 TMP 配合使用，可增强其临床疗效，如盐酸环丙 + 金刚烷胺 +TMP 等。磺胺、对氨基苯甲酸配伍使用具有协同疗效。

5. 氯霉素类药物

● **常用药** 氟苯尼考、甲砜霉素、氯霉素等。

● **药物适应证** 鸡白痢、禽巴氏杆菌、猪链球菌、禽大肠杆菌、金黄色葡萄球菌、鸭疫李氏杆菌等。

● **临床效果** 氟苯尼考 > 甲砜霉素 > 氯霉素。

● **药物配伍** 氯霉素和氟苯尼考与二甲氧苄氨嘧啶（OMP）和甲氧苄氨嘧啶（TMP）配合后，抗菌效果会显著增强。

6. 四环素类药物

● **常用药** 米诺环素（二甲胺四环素）、强力霉素、金霉素、四环素、土霉素等。

● **药物适应证** 用于治疗呼吸道病、衣原体、螺旋体、立克次氏体、附红细胞体（猪），治疗葡萄球菌、链球菌病效果差。饲料中添加金霉素，可提高产蛋率、蛋壳相对重量和蛋壳厚度，料蛋比下降。但对采食量和其他蛋品质指标无明显效果。

● **临床效果**　米诺环素 > 强力霉素 > 金霉素 > 四环素 > 土霉素。

● **药物配伍**　支原净与金霉素配合，不但有预防鸡呼吸道疾病的效果，而且能提高肉鸡成活率，降低料肉比，临床效果较好，配伍比例：30 mg/kg 支原净、100 mg/kg 金霉素、90 mg/kg 莫能菌素。金霉素与泰妙菌素（3∶1）合用，对鸡败血霉形体有协同作用，按每 100 kg 饲料添加 20 g，均有降低死亡率，提高治愈率，改善有效率的效果。另外，四环素 + 痢特灵、强力霉素 + 新霉素、盐酸强力霉素 + 盐酸环丙沙星、土霉素 + 痢特灵、土霉素 + 新霉素、土霉素 + 莫能菌素、土霉素 + 洛克沙生、金霉素 + 磺胺类药、金霉素 + 磺胺二甲嘧啶 + 普鲁卡因青霉素（猪）有较好的临床效果。

7. 红霉素类药物

● **常用药**　罗红霉素、泰乐菌素、螺旋霉素、北里霉素、红霉素等。

● **药物适应证**　主要治疗慢性呼吸道病。

● **临床效果**　利高霉素 > 罗红霉素 > 泰乐菌素 > 北里霉素 > 红霉素。

● **药物配伍**　泰乐菌素 + 痢特灵、泰乐菌素 + 磺胺嘧啶钠（泰磺合剂）、红霉素 + TMP、红霉素 + 磺胺嘧啶钠，有提高治疗大肠杆菌和沙门氏菌的临床效果。罗红霉素 + 泰乐菌素 + 增效剂，有延长药效的效果。罗红霉素配合环丙沙星可有效治疗大肠杆菌、沙门氏菌、葡萄球菌混合感染。另外，孢羟唑、氨苄青霉素、利福平等有协同作用。

8. 磺胺类药物

● **常用药** 磺胺嘧啶钠、磺胺二甲嘧啶钠、二甲氧苄氨嘧啶(地菌净)、三甲氧苄氨嘧啶(磺胺增效剂)、磺胺甲基异唑(新诺明)、磺胺喹啉钠等。

● **药物适应证** 根据药物的不同特点在临床上可用于治疗全身感染、肠道感染、外伤等。为使磺胺药迅速达到有效血浆浓度，首次用量应加倍。长期大剂量使用磺胺类药物有蓄积中毒的可能，所以，应用时剂量要准确，拌料要均匀，疗程为 3~5 天，不超过 7 天。磺胺类药物有干扰一些活疫苗的主动免疫效果，注射此类疫苗的前后 3 天内禁止使用磺胺类药物。

● **药物配伍** 按 1 ∶ 5 的比例，抗菌增效剂 + 磺胺类配合使用，磺胺二甲嘧啶 + 金霉素 + 青霉素，磺胺二甲嘧啶 + 泰乐菌素、磺胺喹 啉钠 + 氨丙林 + 维生素 K_3 有治疗盲肠球虫的高效作用。使用磺胺类药物时，应在饮水中添加 0.05% ~ 0.1% 的碳酸氢钠，以保证饮水充足，饲料中宜添加 0.05% 的维生素 K_3 和倍量 B 族维生素。

9. 林可霉素类药物

● **常用药** 林可霉素(洁霉素)、克林霉素(氯林可霉素)等。

● **药物适应证** 治疗肺炎、败血症、慢性呼吸道病、弓形体病、螺旋体病等。

● **临床药效** 氯林可霉素 > 林可霉素。

● **药物配伍** 林可霉素可配合壮观霉素(比例为 1 ∶ 1 或 1 ∶ 2)，林可 + 球痢灵，林可 + 莫能菌素。

常用抗菌药物增效配伍情况见表 4—3。

表 4—3　　　　　　　常用抗菌药物配伍表

类别	药物	配伍药物	配伍结果
青霉素类	青霉素、氨苄西林钠、阿莫西林	链霉素、新霉素、多粘菌素、喹诺酮类	疗效增强
		替米考星、罗红霉素、盐酸多西环素、氟苯尼考	降低疗效
		维生素 C、多聚磷酸酯、罗红霉素	沉淀、分解失效
		氨茶碱、磺胺药	沉淀、分解失效
头孢菌素类	头孢拉定、头孢氨苄、	新霉素、庆大霉素、喹诺酮类、硫酸粘杆菌素	疗效增强
		氨茶碱、维生素 C、磺胺类、罗红霉素、多西环素	沉淀、分解失效
		氟苯尼考	降低疗效
	先锋Ⅱ	强效利尿剂	肾毒性增强
氨基糖苷类	硫酸新霉素、庆大霉素、卡那霉素、链霉素、安普霉素	氨苄西林、头孢拉丁、头孢氨苄、盐酸多西环素、TMP	疗效增强
		维生素 C	抗菌减弱
		氟苯尼考	降低疗效
		同类药物	毒性增强
磺胺类	磺胺嘧啶钠、磺胺甲噁唑	TMP、新霉素、庆大霉素、卡那霉素	疗效增强
		头孢拉丁、头孢氨苄、氨苄西林	降低疗效
		氟苯尼考、罗红霉素	毒性增强
茶碱类	氨茶碱	维生素 C、盐酸多西环素、盐酸肾上腺素等酸性药物	浑浊、分解失效
		喹诺酮类	降低疗效

续表

类别	药物	配伍药物	配伍结果
洁霉素类	盐酸林可霉素	甲硝唑	疗效增强
		罗红霉素、替米考星	降低疗效
		磺胺类、氨茶碱	浑浊失效
氯霉素类	氟苯尼考、甲砜霉素	新霉素、盐酸多西环素、硫酸粘杆菌素	疗效增强
		氨苄西林钠、头孢拉定、头孢氨苄	降低疗效
		卡那霉素、喹诺酮类、磺胺类、呋喃类、链霉素	毒性增强
		叶酸、维生素 B_{12}	抑制红细胞生成
喹诺酮类	诺氟沙星、环丙沙星、恩诺沙星、氧氟沙星、甲磺酸培氟沙星、沙拉沙星、二氟沙星	头孢拉定、头孢氨苄、氨苄西林、链霉素、新霉素、庆大霉素、磺胺类、TMP	疗效增强
		四环素、盐酸多西环素、氟苯尼考、呋喃类、罗红霉素	疗效降低
		氨茶碱	析出沉淀
		金属阳离子（钙、铁、镁等二价离子）	形成络合物沉淀
大环内酯类	罗红霉素、红霉素、替米考星	庆大霉素、新霉素、氟苯尼考	疗效增强
		林可霉素	降低疗效
		卡那霉素、磺胺类、氨茶碱	毒性增强
		氯化钠、氯化钙	析出沉淀
多粘菌素类	硫酸粘杆菌素	盐酸多西环素、氟苯尼考、头孢氨苄、罗红霉素、替米考星、喹诺酮类、庆大霉素、新霉素	疗效增强
		硫酸阿托品、先锋霉素 I、庆大霉素、新霉素	毒性增强

续表

类别	药物	配伍药物	配伍结果
四环素类	盐酸多西环素、土霉素、金霉素、四环素	同类药物及泰乐菌素、泰妙菌素 TMP	疗效增强
		氨茶碱	分解失效
		二价阳离子	形成络合物

 中兽药配伍

中兽药在兽医临床上的使用会随着畜牧业的发展而越来越广泛，临床上常见的有以下几类：一是具有抗菌作用的中药，二是具有促进动物生长作用的中药，三是具有驱虫作用的中药，如使君子、贯众、槟榔等。

1. 抗菌作用的中药配伍

● **黄芩、黄连、黄檗**　黄芩、黄连、黄檗三者均能清热燥湿、泻火解毒，可治多种湿热、火毒之证。著名经方黄连解毒汤即以此三药相须配伍，临床治疗猪丹毒、急性肠炎、菌痢等效果好。黄芩、黄连、黄檗、山栀组成的黄连解毒汤治疗畜禽温热性疾病，疗效较好。治疗猪丹毒加生石膏，治肺炎气喘加桔梗、杏仁，治犊牛肠炎、仔猪副伤寒加白头翁、炒白术，治禽霍乱、伤寒、白痢加大青叶。

● **栀子**　栀子与牡丹皮皆入肝经，清泄肝热、凉血止血、行血之力大增。牡丹皮、生地黄、黄芩、栀子、蝉蜕、茯神、远志、赤小、天竺黄、钩藤、甘草组成丹皮地黄汤，治疗李氏杆菌病效果满意。栀子与淡豆豉，清解并用、解肌发汗、发表透邪效果好，对普通感冒和流行性感冒效果好，尤其对外感初热，用银翘散或

荆防之类不退热的动物用之尤佳，对外感、温病初起用之有效，对热后期余热未清、躁扰不宁用之效佳。栀子与茵陈为伍，清热利湿效应大增，治疗动物湿热黄疸效果尤佳。

● 连翘　连翘与牛蒡子对牙龈肿痛、口舌生疮、喉咙肿痛效果好，对风热痒疹、痈肿疮伤等亦有协同作用，在兽医临床上酌加马勃和青黛其效果会更好。连翘与蔓荆子，兽医临床用于治疗风寒之证，若酌加防风和荆芥穗用之更好，若证属风热头痛，酌加菊花和桑叶。连翘与金银花，清热解毒，发散解表，对风热外感用的效果好。

● **地丁、野菊花、山豆根** 山豆根与射干、板蓝根清热解毒利咽，祛痰散血消肿之功更著，治疗痰热郁结、咽喉肿痛、喉中痰鸣等症，如强力咳喘宁对鸡霉形体病有显著的效果。

● **夏枯草** 夏枯草与茺蔚子对名贵猫、犬之虚性高血压和动脉硬化尤为适宜。夏枯草与浙贝母清肝火以解毒热、散淤滞而消瘰疬，对瘰疬诸症用之尤佳，兽医临床酌加海藻、昆布、生牡蛎疗效更好。夏枯草与蒲公英对治疗猫、犬肝胃淤热之脘痛、胃和十二指肠炎症或溃疡，尤其是幽门螺杆菌感染相关的胃炎及消化性溃疡效果显著。加紫花地丁，可治疗奶牛乳房炎，酌加忍冬藤、益母草、当归等，可防治奶牛子宫内膜炎。夏枯草与泽泻，酌加石韦、补骨脂、车前子等组成石韦解毒散，治疗鸡肾型传染性支气管炎。

● **龙胆草** 龙胆草与柴胡、栀子，对动物肝胆实火引起的目赤肿痛疗效好。龙胆草与黄芩酌加石膏、贝母、栀子等用于治疗因肝火不能疏泄或肝胃湿热蕴结而致的牛乳头和乳颈等处皲裂、乳房肿大甚至继发乳痈的乳头风。龙胆泻肝汤治疗牛湿热泻泄。龙胆草与钩藤，治疗动物高热神昏抽搐、肝火上炎、肝阳上亢之目赤肿痛。加桑叶、菊花、金银花等组成经验方，主治惊厥。龙胆草与茵陈、郁金，对动物湿热黄疸、小便色黄用之尤佳，如利胆丸。龙胆草与青黛，如当归龙荟丸，治疗外感内伤或饲养失调，长期饲喂低质而粗硬不易消化的饲料，或饮水不足和缺乏运动而引起的粪便燥结、精神沉郁、少食喜饮、疼痛不安、弓腰怒责、排粪困难、触摸腹部可摸到肠中干粪球的猪热秘证，效果极佳。清瘟抗毒散，治疗非典型性猪瘟并发附红细胞体病。

● **金银花**　金银花与连翘，轻清升浮宣散、清气凉血、解毒之功大增，疏通气血、宣导十二经脉、消肿散结止痛效应明显。加桔梗、牛蒡子、淡豆豉等组方治疗牛肺疫，银翘散加减可治疗耕牛夹竹桃中毒。

2. 促进动物生长的中药

● **麦芽**　麦芽与谷芽拌料喂猪，可治疗僵猪。麦芽与茵陈可防治雏鸭病毒性肝炎。

● **山楂**　山楂、麦芽、神曲，号称"三仙"，是消食导滞的最佳组方，临床治疗兔积食。加减曲蘖散可治疗马、骆驼料伤。

● **陈皮**　陈皮炒炭与沉香巧配伍，对胃胀和腹胀均有较好的疗效。若酌加台乌和香附，对腹胀甚者疗效更好。

⊙陈皮与诃子，对咽喉发炎、声音嘶哑效果较佳。

⊙陈皮与厚朴，专治胃肠气滞所致的脘腹胀满疼痛，如橘皮散，主治马冷痛起卧等。

⊙陈皮与木香，对动物脾胃气机呆滞而见肚腹胀痛、纳呆吐泻用之尤为适宜。治疗牛前胃弛缓、鸡传染性喉气管炎等。

⊙陈皮与青皮，治食积气滞、脘腹胀痛、食少吐泻。如青皮散，水煎灌服，治疗水牛消化不良等。

⊙陈皮与桑白皮，如五皮散，治疗奶牛妊娠水肿等。

⊙陈皮与枳实，对消化不良、脾胃不健、气机失调用之较好，对急慢性胃肠炎及胃和十二指肠球部溃疡效果较佳。

⊙陈皮与竹茹，清暑解热汤主治牛感暑热证，清胃泄肝散治疗马属动物食管炎等。

3. 补中益气类

● 黄芪

⊙黄芪与防风，如玉屏风散，用于表虚自汗、易感风邪之病症。加党参、麦冬、五味子等治疗各种家畜汗证。

⊙黄芪与防己，兽医临床上要利水消肿多用汉防己，要祛风止痛和疗痹多用木防己。酌加浮萍和麻黄，对猫、犬急性肾炎效果好，酌加桂枝和血余炭，治疗慢性肾炎。玉屏风散加牡蛎、浮小麦、大枣，治疗马阳虚自汗等。

⊙黄芪与茯苓皮，如参芪泽苓汤，治疗肝硬化腹水等。

⊙黄芪与附子，兽医临床常用熟附子与大剂量黄芪一次性浓煎灌服，治疗脉微欲绝、四肢逆冷、大汗如洗的休克等。

⊙黄芪与浮小麦，治疗动物表虚自汗，兽医临床以小麦麸或糠皮替换浮小麦，效果更佳。加太子参、防风、白术等可治疗牛产后虚弱、体瘦而发自汗等。

⊙黄芪与牡蛎，治疗动物卫气虚不能外固，营阴虚不能内守。

⊙黄芪与山药，治疗名贵猫、犬的糖尿病。经验方伤力散，主治马、牛气虚劳伤。

⊙黄芪与葶苈子，如附子黄芪葶苈汤，适宜于肺肾阳虚、痰淤内阻等。

● 山药

⊙山药与牡蛎，适宜于动物脾肾阴亏、开阖失职之泄泻等。

⊙山药与牛蒡子，治疗动物肺气虚弱、脾胃不健、痰湿内生、喜卧懒动、卧多立少，对动物慢性气管炎、支气管炎哮喘而属虚证者效果较佳。

⊙山药与扁豆，适宜于脾胃虚弱之水草迟细、四肢迈步乏力、慢性泄泻等。

● 白术

⊙白术与槟榔，治疗动物脾虚运化不畅、气滞便秘。如健脾补血糖浆，可补气健脾，生血驱虫，治疗仔猪贫血等。

⊙白术与苍术、主要用于治疗家畜脾胃不健、纳运无常以致消化不良、食欲不振，或湿阻中焦、气机不利、呼吸不畅，或湿气下注、水走肠间之证，如腹胀、肠鸣和泄泻等。如扶脾健肠散治疗家兔伪肺结核病，健脾三圣散主治马脾寒腹痛症等。

⊙白术与当归，如当归芍药散，兽医临床用于治疗母畜乳房紧小、乳头短缩、外观幼稚、乳汁缺乏、拒绝哺乳等。

⊙白术与莪术，治疗动物气虚血淤和血淤湿阻之鼓胀病，如理冲汤等。

⊙白术与桂枝，甘草与黄精配伍有增强疗效的作用。

4. 有驱虫作用的中药配方

● 万应散　配方：大黄 60 g、槟榔 30 g、苦楝皮 30 g、皂角 30 g、黑丑 30 g、雷丸 20 g、沉香 10 g、木香 15 g。

方中雷丸、苦楝皮有杀虫作用，为主药，大黄、槟榔、黑丑、皂角攻积泻下，又可杀虫，为辅药，木香、沉香行气温中为佐药，合而用之具有杀虫的效果。但此方药性猛烈，攻逐力极强，孕畜及体弱畜慎用。

● 驱虫散　配方：鹤虱 30 g、使君子 30 g、槟榔 30 g、芜荑

30 g、雷丸 30 g、贯众 60 g、炒干姜 15 g、制附子 15 g、乌梅 30 g、诃子肉 30 g、大黄 30 g、百部 30 g、木香 20 g。

此方具有驱杀攻逐虫体的功效，可用于驱杀胃肠道寄生虫。

● **肝蛭散** 配方：苏木 30 g、肉豆蔻 20 g、茯苓 30 g、绵马贯众 45 g、龙胆草 30 g、木通 20 g、甘草 20 g、厚朴 20 g、泽泻 20 g、槟榔 30 g。

此方具有驱虫利水、行气健脾的功效，主要用于牛羊肝片吸虫的治疗。

● **贯众散** 配方：贯众 60 g、使君子 30 g、鹤虱 30 g、芜荑 30 g、大黄 40 g、苦楝子 15 g、槟榔 30 g。

此方具有下气行滞、驱杀胃肠道寄生虫的功效，尤其对马胃蝇（马瘦虫病）的疗效显著。

常用中西兽药配伍协同作用

1. 中药与抗菌药增效配伍

中西药联合应用时，影响是双向的，可同时影响中药和西药在动物体内的吸收、分布、代谢等，从而使合用后的疗效增强或减弱，使药物的毒性增大或减小。

● 青霉素与金银花、鱼腥草、青蒿、板蓝根、蒲公英合用有协同作用，青霉素与金银花合用能加强青霉素对耐药金黄色葡萄球菌的抑制作用。

● 灰黄霉素与茵陈合用，茵陈的有效成分对羟基苯乙酮有较明显的利胆作用，能促进胆汁酸、胆盐等表面活性剂的分泌，这些活性剂能增加难溶性药物的灰黄霉素的溶解度，促进其在肠内的吸收而提高疗效。

● 枳实与庆大霉素合用治疗胆道感染时，因枳实能松弛胆道的总管括约肌，从而降低胆道内的压力，提高庆大霉素的有效浓度，影响药物的分布，从而提高疗效。另外，庆大霉素与硼砂合用也有增效作用。

● 蟾酥、牛砂、公丁香（解毒炎丸）可使异烟肼治疗淋巴结核的效果明显增加。

● 辛夷花、苍耳子、防风、白芷、黄芩、桔梗、半夏等与磺胺类药物合用可治疗鸡传染性鼻炎。

● 环磷酸酰胺与刺五加、三颗针、莪术等合用不仅能降低环磷酸酰胺的致癌作用，而且可以提高疗效。

● 呋喃咀啶与山楂、甘草等合用可收到增效减毒的效果。

2. 中药与抗寄生虫药增效配伍

● 常山、柴胡与盐霉素合可治疗鸡球虫病。

● 抗血吸虫病的酒石酸锑钾与法半夏、甘草合用能减轻酒石酸锑钾对胃肠道的刺激并能解除平滑肌痉挛，起协同作用。

● 呋喃丙胺与槟榔合用可以提高呋喃丙胺对血吸虫的驱虫效果。

● 敌百虫与大黄合用能增强对胆道蛔虫的驱虫效果。

● 驱蛔虫的枸橼酸哌嗪与苦楝根皮合用可以提高驱虫效果。

● 碱性奎宁与甘草合用可以产生沉淀影响吸收，降低疗效。

3. 中药与镇静药增效配伍

● 氯丙嗪与地龙合用可以减轻氯丙嗪对消化系统、肝脏的不良反应，可减轻毒副作用。

● 戊巴比妥与灵芝、山楂、香附等合用可产生协同作用。

● 环己巴比妥钠与蝉蜕、附子、丹参等合用能产生协同作用。

4. 中药与作用于消化道的药增效配伍

● 碳酸氢钠与广木香、高良姜等合用可以提高胃肠溃疡的治愈率。

● 痢菌净或磺胺增效剂（TMP）与苦参、黄檗、蒲公英等合用，用于痢疾治疗，有协同作用。

第五讲

配伍禁忌要牢记

导读

　　配伍是把双刃剑，合理配伍疗效添，不当使用惹事端，禁忌常要记心间。

话题1 配伍禁忌及其一般规律

配伍禁忌的概念

当两种或两种以上药物混合使用或制成制剂时发生药物中和、水解、破坏失效等理化反应，出现液体浑浊、沉淀、产生气体及变色等外观异常的现象，或者使药物的治疗作用减弱，导致治疗失败，或者使药物的副作用或毒性增强，引起严重的不良反应，或者使药物的治疗作用过度增强，超出了机体所能耐受的能力而引起不良反应，乃至危害畜禽安全及生命等。配伍禁忌就是要禁止这些药物之间的配伍。

随着新药不断应用于兽医临床，药物的种类越来越多，尤其是许多人还将人用药非法地用于畜禽疾病的防治，因药物配伍事故而引起的各项损失也不容忽视。据《中国牧业通讯》报道，某专业养殖户按照某兽医"处方"对鸡用药治疗，两天后发现鸡只大批死亡，导致购进的1 000多只80日龄海兰蛋鸡所剩无几，造成了很大的经济损失。事后验证，用卡那霉素1 mL（0.25 g）、病毒唑1 mL（100 g）、地塞米松1 mL（2 mg）混合后肌肉注射，对1 kg以下的80日龄海兰健康蛋鸡具有致死性的毒性作用。

配伍禁忌的一般规律

● 葡萄糖等静脉注射的非解离性药物，一般情况下不易与其他药物产生配伍禁忌，但应注意其溶液的 pH 值。其 pH 值不同，有可能影响某些药物的溶解，进而影响药物的吸收与药效发挥。如 pH 值较高的溶液，应尽量避免与酸性药物配伍，pH 值较低的液体，应尽量避免与碱性药物配伍。

● Ca^{2+}、Mg^{2+} 等无机离子易与生物碱形成难溶性沉淀，故不宜相互配伍。

● 生物碱类、拟肾上腺素类、盐基抗组胺药类与盐基抗生素类等阴离子型有机化合物，其游离基溶解度均较小，在 pH 值高的溶液中或与具有大缓冲容量的弱碱性溶液配伍时，有可能产生沉淀。

● 阴、阳离子型有机化合物溶液相互配伍时，易出现沉淀。两种高分子化合物配伍时，有可能形成不溶性化合物。如抗生素、水解蛋白、胰岛素、肝素等两种电荷相反的高分子化合物溶液相遇，有可能产生沉淀。

● 大多数抗生素都有一个稳定的 pH 值，溶媒的 pH 值与其越相近，抗生素越稳定，而相反，差距越大，抗生素分解失效越快。

● 作用相反的药物配伍后，如拟胆碱药与抗胆碱药、磺胺类与普鲁卡因等，其疗效相互抵抗，易成为配伍禁忌。作用相似而机理不同的药物配伍，有时也会降低疗效而成为配伍禁忌。如青霉素与磺胺类药物不宜配伍使用，因为青霉素仅对繁殖期细菌有效，而磺胺为抑菌药，能抑制细菌的生长和繁殖，二者配伍使青霉素的杀菌作用不能充分发挥。但在治疗流行性脑膜炎时，青霉素与磺胺嘧啶合用有协同作用。

影响药物配伍的主要因素

很多因素都会影响药物的配伍变化，最常见的有药物的稳定性和溶解度、药物的浓度、环境温度和湿度、药物配伍的时间等。

● 药物的稳定性　在一般情况下，稳定性较差的药物（如肾上腺素、去甲肾上腺素等），配伍后容易氧化变色。

● 环境温度和湿度　温度每上升10℃，化学反应速度会相应增加2~4倍，因此温度对配伍变化影响很大。湿度大则有可能会降低固体药物的疗效。

● 药物的浓度　化学反应的速度与反应物的浓度密切相关，如乙醇可使青霉素失效，但青霉素在20%以下的乙醇溶液中则不会失效。

● 配伍时间　有些药物的配伍变化进行得很慢，有的短时间内不发生变化，但随着时间的延长就会发生变化。

兽药配伍禁忌的分类

兽药的配伍禁忌，根据其所使用的兽药种类不同，可以分为西兽药配伍禁忌、中兽药配伍禁忌与中西兽药配伍禁忌等，根据其作用方式及性质，可以分为物理化学配伍禁忌、增加毒副反应

性配伍禁忌、降低或消除治疗作用性配伍禁忌及综合反应性配伍禁忌等。

话题 2   常见西兽药的配伍禁忌

常见西兽药的物理化学配伍禁忌

西兽药物理化学配伍禁忌多发生于输液时的药物配制。其最常见的是当两种或两种以上药物混合时，因发生药物中和、水解、破坏失效等理化反应而出现液体浑浊、沉淀、产生气体及变色等外观异常的现象。其结果轻者影响药物的疗效，重者则完全使药物失去疗效，甚或增加毒性而危及畜禽的生命安全，造成巨大的经济损失。注射液物理化学配伍禁忌见表5—1。

常见西兽药的疗效配伍禁忌

有些药物在相互混合时并不发生明显的物理化学变化，但其仍然可以影响药物的临床疗效。这些药物在临床上是禁止配伍使用的，属于药物的疗效性配伍禁忌。这类药物很多，见表5—2。

表 5—1 　注射液物理化学配伍禁忌表

药物编号及名称（对角线标签）

1. 注射用青霉素 G 钠（10 万 U/ml）pH5
2. 注射液青霉素 G 钾（1 万 U/ml）pH5
3. 注射液氨苄青霉素钠（2%）pH8.2
4. 注射用羟苄青霉素（2%）pH6.5
5. 注射用硫酸链霉素（5%）pH5~7
6. 硫酸卡那霉素注射液（25 万 U/ml）pH7.8
7. 氯霉素注射液（125 mg/ml）pH5.5
8. 注射用盐酸土霉素（125 mg/ml）pH2
9. 注射用盐酸金霉素（0.2%）pH3
10. 注射用盐酸四环素（50 mg/ml）pH2
11. 注射用乳糖酸红霉素（50 mg/ml）pH6.5
12. 硫酸庆大霉素注射液（2 万 U/ml）pH6
13. 枸橼酸小檗碱注射液（10 mg/ml）pH4~6
14. 磺胺嘧啶钠注射液（20%）pH9
15. 毛花强心丙注射液（0.2 mg/ml）pH5.5
16. 毒毛旋花子式 K 注射液（0.25 mg/ml）pH5.5
17. 毒毛旋花子式 G 注射液（0.25 mg/ml）pH5.5
18. 肾上腺素注射液（0.1%）pH3
19. 重酒石酸去甲肾上腺素注射液（1 mg/ml）pH4.5
20. 硫酸异丙肾上腺素注射液（2%）
21. 盐酸利多卡因注射液（赛罗卡因）（2%）pH3.5~6
22. 氨茶碱注射液（2.5%）pH9
23. 盐酸山梗茶碱注射液（洛贝林）（3 mg/ml）pH4.5
24. 戊四氮注射液（10%）pH7.6~8
25. 尼可刹米注射液（25%）pH6.5
26. 注射用三磷酸腺苷（10 mg/ml）pH4.5
27. 注射用辅酶 A（25 U/ml）pH5.5
28. 注射用细胞色素 C（7.5 mg/ml）pH6.5
29. 维生素 C 注射液（250 mg/ml）pH6
30. 右旋糖酐注射液（6% 含 0.9%NaCl）pH5.5
31. 葡萄糖注射液（5%）pH5
32. 氯化钠注射液（0.9%）pH5.5
33. 葡萄糖氯化钠注射液 pH5.5
34. 复方氯化钠注射液 pH5.5
35. 氯化钾注射液（10%）pH5
36. 氯化钙注射液（5%）
37. 葡萄糖酸钙注射液（10%）pH6
38. 乳酸钠注射液（11.2%）pH6.5~7
39. 碳酸氢钠注射液（5%）pH8.5
40. 山梨醇注射液（25%）pH4.5~5
41. 甘露醇注射液（20%）pH5
42. 注射用促度质素（2 U/ml）pH4.2
43. 氢化可的松注射液（5 mg/ml）pH5.7
44. 注射用氢化可的松琥珀酸钠（10 mg/ml）pH5~7
45. 地塞米松磷酸钠注射液（氟美松）pH6.5~7
46. 维生素 K_3 注射液（4 mg/ml）pH5.5
47. 止血敏注射液（25%）pH4.5~5
48. 6—氨基己酸注射液（20%）pH7.5
49. 硫酸阿托品注射液（0.5% mg/ml）pH5.5
50. 氢溴酸东莨菪碱注射液（0.3 mg/ml）pH5.5
51. 度冷丁注射液（50 mg/ml）pH5
52. 注射用苯巴比妥钠（2%）pH9.6
53. 注射用异戊巴比妥钠 pH10
54. 注射用硫喷妥钠（2.5%）pH10.8
55. 硫酸镁注射液（5% 含 5% 葡萄糖）pH5.8
56. 溴化钠注射液（10%）pH5.7
57. 溴化钙注射液（10%）pH6.5~7
58. 盐酸氯丙嗪注射液（25 mg/ml）pH5
59. 盐酸异丙嗪注射液（25 mg/ml）pH5.5
60. 盐酸苯海拉明注射液（20 mg/ml）pH5.5
61. 脑垂体后叶注射液（10 U/ml）pH3.5
62. 马来酸麦角新碱注射液（0.2 mg/ml）pH5
63. 催产素注射液（10 U/ml）pH3.5
64. 盐酸普鲁卡因注射液（2%）pH5

说明

（1）"−"表示无可见的配伍禁忌（即溶液澄明，无处观变化）。

（2）"+"表示有浑浊或沉淀、变色等现象。

（3）"△"表示溶液虽澄明，但效价降低者。

（4）"±"浓溶液配伍有浑浊或沉淀，但先将一种药物加入输液中稀释后，再加入另一种药物，溶液可澄明。或配伍量变更时可得澄明者。
青霉素类稀释至 1 万单位 / 毫升；四环素类稀释至 0.5 毫克 / 毫升；卡那霉素稀释至 2% 以下；氯霉素稀释至 0.2%；氢化可的松稀释至 0.5 毫克 / 毫升。

（5）本表只表示配伍间的外观变化情况，除个别外，未表明效价变化。本表未注明配伍后的毒性变化情况。

（6）"/"表示没有进行实验者。

表 5—2　　　　常见西兽药疗效配伍禁忌表

序号	常见药物	禁忌药物及备注
1	β－内酰胺类药物（氨基糖苷类、氨基酸、红霉素类、林可霉素类、维生素 C、碳酸氢钠、氨茶碱、谷氨酸钠等）	β－内酰胺类药物与丙磺舒合用，可使前者在肾小管的分泌减少，血药浓度增加，作用时间延长。因此，二者合用时，应注意减少前者的用药剂量
		对酸性或碱性药物不稳定，故输液时只能用生理盐水溶解药物，不能用葡萄糖注射液溶解
2	氟氯西林	不可与血液、血浆、水解蛋白及脂肪乳等联用。其他 β－内酰胺类药物也应注意
3	头孢菌素类（特别是第一代头孢菌素）	不可与高效利尿药（如速尿）联合应用，防止发生严重的肾损害。青霉素类中的美西林也不可与其配伍
4	头孢西丁钠	与多数头孢菌素均有拮抗作用，配伍应用可致抗菌疗效减弱。与氨曲南配伍，在体内外均起拮抗作用。与萘夫西林、氯唑西林、红霉素、万古霉素等配伍，在药效方面不起相互干扰作用
5	氨基糖苷类药物	不宜与具有耳毒性（如红霉素等）和肾毒性(如强效利尿药、头孢菌素类、右旋糖酐类、藻酸钠等）的药物配伍，也不宜与肌肉松弛药或具有此作用的药物（如地西泮等）配伍，防止毒性加强。本类药物之间也不可相互配伍

序号	常见药物	禁忌药物及备注
6	大环内酯类药物	可抑制茶碱的正常代谢，联合应用可致茶碱血浓度异常升高而致中毒，甚至死亡，因此联合应用时应监测茶碱的血浓度，以防意外。本类药物对酸不稳定，因此，在 500 mL 5%~10% 葡萄糖输液中，添加维生素 C 注射液（含抗坏血酸钠 1g）或 5% 碳酸氢钠注射液 0.5 mL 使 pH 升高到 6 左右，再加红霉素乳糖酸盐，则有助稳定。另外，β－内酰胺类药物与本类药物配伍，可发生降效作用。本类药物可阻挠性激素类的肠肝循环，与性激素药合用可使之降效。克拉霉素可使地高辛、茶碱、口服抗凝血药、麦角胺或二氢麦角胺、三唑仑均显示更强的作用，对卡马西平、环胞霉素、己巴比妥、苯妥英钠等也可有类似的阻滞代谢而使作用加强。氟喹诺酮类也可抑制茶碱的代谢
7	去甲万古霉素	与许多药物可产生沉淀反应，因此含本品的输液中不宜添加其他药物。克林霉素不宜加入组成复杂的输液中，以免发生配伍禁忌。本类药物与红霉素有拮抗作用，不可联合应用。磷霉素与一些金属盐可生成不溶性沉淀，勿与钙、镁等盐相配伍
8	抑制肠道菌群的药物	可抑制柳氮磺吡啶在肠道中的分解，从而影响 5-氨基水杨酸的游离，有降效的可能，尤以各种广谱抗菌药物为甚
9	呋喃妥因	与萘啶酸有拮抗作用，不宜合用。呋喃唑酮有单胺氧化酶抑制作用，可抑制苯丙胺等药物的代谢而导致血压升高

续表

序号	常见药物	禁忌药物及备注
10	碱性药物、抗胆碱药物、H_2受体阻滞剂	可降低胃液酸度而使喹诺酮类药物的吸收减少，应避免同服。利福平（RNA合成抑制药）、氯霉素（蛋白质合成抑制药）均可使本类药物的作用降低，使萘啶酸和氟哌酸的作用完全消失，使氟嗪酸和环丙氟哌酸的作用部分抵消
11	克林霉素	与红霉素有拮抗作用，不可联合应用，也不宜组成复杂的输液
12	四环素类	避免与抗酸药、钙盐、铁盐及其他含重金属离子的药物配伍，以防发生络合反应，阻滞四环素类的吸收。牛奶也有类似的作用
13	磺胺类	不宜与含对氨苯甲酰基的局麻药（如普鲁卡因、苯佐卡因、丁卡因等）合用，以免降效
14	多粘菌素B	不可与其他有肾毒性或神经肌肉阻滞作用的药物配伍，以防意外
15	对氨基水杨酸钠	忌与水杨酸类同服，以免胃肠道反应加重及导致胃溃疡。此外，本品可干扰利福平的吸收，同时应用应间隔6~8 h
16	酮康唑和异曲康唑	其吸收和胃液的分泌密切相关，因此不宜与抗酸药、抗胆碱药联用
17	多沙普仑	禁与碱性药合用，慎与拟交感胺、单胺氧化酶抑制剂（MAOI）合用
18	吗啡	禁与氯丙嗪注射液合用。哌替啶不宜与异丙嗪多次合用，以免发生呼吸抑制。与单胺氧化酶抑制剂（MAOI）合用可引起兴奋、高热、出汗、神志不清。芬太尼也有此反应

序号	常见药物	禁忌药物及备注
19	阿司匹林	与糖皮质激素合用可能会使胃肠道出血加剧，应禁止配伍。与布洛芬等非甾体抗炎药合用使后者的浓度明显降低，也不宜合用。与碱性药配伍，可促进本品的排泄而降低疗效，不宜合用
20	抗抑郁药	不宜与单胺氧化酶抑制剂（MAOI）合用，因二者作用相似，均有抗抑郁作用，合用时必须减量。另外，也不宜与拟肾上腺素类药物合用，因其可增强拟肾上腺素药的升压作用
21	曲马朵	忌与单胺氧化酶抑制剂合用。因二者作用相悖，相互抵消
22	左旋多巴	禁与单胺氧化酶抑制剂、麻黄碱、利血平及拟肾上腺素药合用。卡比多巴不宜和金刚烷胺、苯扎托品、丙环定及苯海索合用
23	溴隐亭	忌与降压药、吩噻嗪类或 H_2 受体阻滞剂合用
24	卡马西平	与苯巴比妥、苯妥英钠合用时，可加速卡马西平的代谢，使其浓度降低，而烟酰胺、抗抑郁药、大环内酯类抗生素、异烟肼、西咪替丁等药均可使卡马西平的血药浓度升高，易出现毒性反应。此外，抗躁狂药锂盐、抗精神病药硫利达嗪与卡马西平合用时，易出现神经系统中毒症状。卡马西平也可减弱抗凝血药华法林的抗凝作用。而与性激素药合用时，可发生阴道大出血及避孕失败，故合用时应特别注意

序号	常见药物	禁忌药物及备注
25	丙戊酸钠	可抑制苯妥英钠、苯巴比妥、扑米酮、氯硝西泮的代谢，易使其中毒，故在合用时应注意调整剂量
26	苯巴比妥	为肝药酶诱导剂，因此可使双香豆素、氢化可的松、地塞米松、睾丸酮、雌激素、孕激素、氯丙嗪、氯霉素、多西环素、灰黄霉素、地高辛、洋地黄毒苷及苯妥英钠等药合用时代谢加速疗效降低，也可使在体内活化的药物作用增加，如环磷酰胺等。其他的肝药酶诱导剂，如别嘌呤醇、乙胺碘呋酮、氯霉素、氯丙嗪、西咪替丁、环丙沙星、右丙氧芬、地尔硫卓、乙醇（急性中毒时）、红霉素、丙米嗪、异烟肼、酮康唑、美托洛尔、甲硝唑、咪康唑、去甲替林、羟保泰松、奋乃静、保泰松、伯氨喹、普萘洛尔、奎尼丁、丙戊酸钠、磺吡酮、磺胺药、硫利达嗪、甲氧苄啶、维拉帕米等也有此反应。而肝药酶抑制剂，如巴比妥类（苯巴比妥为最）、卡马西平、乙醇(慢性酒精中毒者)、氨鲁米特、灰黄霉素、氨甲丙酯、苯妥英、格鲁米特、利福平、磺吡酮（某些情况下起酶抑作用）、奥美拉唑、兰索拉唑等恰好相反
27	普萘洛尔	不宜与单胺氧化酶抑制剂合用。否则，作用减弱
28	噻吗洛尔	滴眼时可被吸收而产生全身作用，故不宜与其他 β 受体阻滞剂合用
29	维拉帕米	不宜与 β 受体阻滞剂合用，否则，会产生低血压、心动过缓、传导阻滞，甚至停搏

序号	常见药物	禁忌药物及备注
30	强心甙	应用期间忌用钙注射液、肾上腺素、麻黄碱及其类似药物，因这些药物可增加其毒性。此外，利血平可增加其对心脏的毒性，也应警惕。由于这类药物脂溶性高，主要在肝脏代谢，故在和肝酶诱导剂或抑制剂合用时，应注意调整剂量
31	去甲肾上腺素类药物	其以强碱弱酸盐形式应用，应避免和碱性药物配伍，否则，会产生沉淀
32	乙酰半胱氨酸	能增加金制剂的排泄。减弱青霉素、四环素、头孢菌素类的抗菌活性，故不宜合用。必要时可间隔 4 h 交替使用
33	可待因类中枢镇痛药	与中枢抑制药合用，可产生相加作用
34	右美沙芬	与单胺氧化酶抑制剂合用，可致高烧、昏迷，甚至死亡
35	麻黄碱	与单胺氧化酶抑制剂合用，可引起血压过高
36	酮替芬	与口服降糖药合用，少数患者可见血小板减少，故二者不宜合用
37	西咪替丁	不宜与抗酸剂、甲氧氯普胺合用，如必须合用，应间隔 1 h。此外，也不宜与茶碱、苯二氮卓类安定药、地高辛、奎尼丁、咖啡因、华法林类抗凝药、卡托普利及氨基糖苷类药物配伍

续表

序号	常见药物	禁忌药物及备注
38	酶类助消化药	不宜与抗酸剂合用，否则，使其活性降低
39	胃动力药（多潘立酮、西沙必利）	不宜与抗胆碱药合用，作用相互抵消
40	思密达	可影响其他药物的吸收，如必须合用时，应在服用本品前 1 h 服用其他药物
41	铁剂	不宜与含钙、磷酸盐类、鞣酸的药物及抗酸剂和浓茶合用，否则，可形成沉淀，影响其吸收。与四环素类合用，可相互影响吸收

常见水产药物的配伍禁忌

随着水产业的日益发展，水产用药也日益广泛，其用药品种也越来越多，配伍禁忌也越来越受到人们的重视。下面仅介绍几种常见的水产药物配伍禁忌，见表5—3。

表5—3　　　　常见水产药物配伍禁忌表

常见药物	配伍禁忌
生石灰	不能与漂白粉、钙、镁、重金属盐、有机络合物等混用
漂白粉等含氯制剂	不能与酸类、福尔马林、生石灰等混用

续表

常见药物	配伍禁忌
高锰酸钾	与有机物、如甘油、酒精等混用会还原脱色失效；与氨及其制剂混用会出现絮状沉淀而失效；与甘油、药用炭、鞣酸等混用可发生爆炸
硫酸铜	与氨溶液、碱性液体、鞣酸及其制剂混用容易产生沉淀
碘及其制剂	碘及其制剂与氨水、铵盐类混用容易生成爆炸性碘化氨，与碱类混用容易生成碘酸盐，与重金属盐类混用容易生成黄色沉淀，与生物碱混用会变蓝色，与龙胆紫混用疗效减弱，与挥发油、脂肪油混用会分解失效，与碱性药物、抗胆碱药、H_2 受体阻滞剂混用会使本类药物的吸收减少
磺胺类药物	与碱性液体、生物碱液体或碳酸氢钠、氯化铵、氯化钙等混用容易产生沉淀使药效降低，与碳酸镁类混用会增加对肾脏的毒性
敌百虫	不能与碱性药物混用，溶液长久放置会逐渐分解失效

话题3　中药的配伍禁忌

中药以使用复方见长，但在其配伍中也有禁忌。中药配伍禁忌，是指某些药物合用会产生剧烈的毒副作用或降低和破坏药效，包括十八反、十九畏。十八反、十九畏中的药品属不宜同用药物，在调配处方中原则上不可同用。然而，无论是古今临床应用还是实验研究，其结果都不尽相同，甚至还有用"反药"治疗临床疑难杂症取得卓越疗效的例子。但无论如何，对十八反与十九畏等古人的经验，都应慎重对待。

什么是十八反

十八反指的是中药中有十八种药物不能放在一起配伍应用，若在一起配伍应用很可能会产生毒性反应或副作用。

古人把重要的配伍禁忌药物加以总结，归纳出十八种药物不能合用，并记载在中药文献中，编成歌诀，便于诵读和熟记。十八反最早见于张子和《儒门事亲》十八反歌诀"本草明言十八反，半蒌贝蔹芨攻乌，藻戟遂芫俱战草，诸参辛芍叛藜芦"。其意思是：

● 乌头（川乌、草乌、附子）反半夏、瓜蒌（瓜蒌皮、瓜蒌仁、天花粉）、贝母（川贝、浙贝、伊贝）、白蔹、白芨。即半（半夏）、蒌（瓜蒌）、贝（贝母）、蔹（白蔹）、芨（白芨）与乌（乌头）相对，不能一起配伍使用。

● 甘草反大戟、芫花、甘遂、海藻。即藻（海藻）、戟（大戟）、遂（甘遂）、芫（芫花）都与草（甘草）不和，不能一起配伍使用。

● 藜芦反人参、西洋参、党参、苦参、丹参、南北沙参、玄参、细辛、赤芍、白芍。即诸参（人参、沙参、玄参、苦参、丹参）、辛（细辛）、芍（赤芍、白芍）与藜芦不和，不能一起配伍使用。

什么是十九畏

十九畏指的是中药中有十九种药物不能放在一起配伍使用，在一起应用可产生药效降低，药物作用相互抵消、失效等效应。

十九畏列述了九组十九味相反药，具体是：硫黄畏朴硝（芒硝、元明粉），水银畏砒霜，狼毒畏密陀僧，巴豆畏牵牛，丁香畏郁金，川乌、草乌（附子）畏犀角（广角），牙硝（芒硝、元明粉）畏三棱，官桂（肉桂、桂枝）畏石脂，人参畏五灵脂。歌诀为："硫黄原是火中精，朴硝一见便相争。水银莫于砒霜见，狼毒最怕密陀僧。巴豆性烈最为上，偏于牵牛不顺情。丁香莫于郁金见，牙硝难合荆三棱。川乌草乌不顺犀，人参最怕五灵脂。官桂善能调冷气，若逢石脂便相欺。大凡修合看顺逆，炮爁炙煿莫相依。"意思是：

- 硫黄不可与朴硝配伍。

- 水银不可与砒霜配伍。

- 狼毒不能与密陀僧配伍。

- 巴豆不能与牵牛配伍。

- 丁香不能与郁金配伍。

- 牙硝不可与京三棱配伍。

- 川乌、草乌不可与犀牛角配伍。

- 人参不能与五灵脂配伍。

● 肉桂不能与赤石脂配伍。

畜禽妊娠期的用药配伍禁忌

临床中对处于妊娠期的动物用药都有一定的风险，因为很多药物能引起动物流产，在临床中应该慎用。能引起动物流产的药

物有："蟟斑水蛭与虻虫，乌头附子及天雄，野葛水银暨巴豆，牛膝薏苡并蜈蚣，棱莪赭石芫花麝，大戟蝉蜕黄雌雄，砒石硝黄牡丹桂，槐花牵牛皂角同，半夏南星兼通草，瞿麦干姜桃木通，硇砂干漆鳖爪甲，地胆茅根与蔗虫。"

实际上有可能引起流产的远不止这些药物，凡是活血化瘀、渗利、软坚散结、利水、泻下走窜、大寒、大热之品，对妊娠动物均应慎用。

常用中药注射剂的配伍禁忌

中药注射剂以作用迅速与给药方便而备受人们的重视，近年来开发的品种越来越多，使用范围也越来越广。然而，随着中药注射剂使用的日益增多，所引起的安全事件也越来越多。其中既有中药注射剂的配伍问题，也有中药注射剂本身的原因。为此，国家食品药品监督管理局先后下发了《关于开展中药注射剂安全性再评价工作的通知》（国食药监办〔2009〕28 号）和《关于做好中药注射剂安全性再评价工作的通知》（国食药监办〔2009〕359 号）。常用中药注射剂配伍禁忌情况见表 5—4。

降低疗效的常见中西药配伍禁忌

表5—4

说明：+：即时减 1h 内产生浑浊或沉淀。
+⑤：1~5h 内产生浑浊或沉淀。
—：5h 内无变化。
空白：未进行实验。
*：为药典类制剂。

	1	2	3	4	5	6	7	8	9	10	11	12	13	14	15	16	17	18	19	20	21	22	23	24
1　硫酸小檗碱注射液																								
2　复方柴胡注射液	+																							
3　盐酸麻黄碱注射液*	+	—																						
4　川芎嗪注射液*	+	—	—																					
5　农吉利注射液*	+	—	—	+																				
6　苦参注射液*	+	—	—	—	—																			
7　莪术注射液*	—	—	—	—	—	+																		
8　当归注射液*	—	—	—	+	+	—	—																	
9　鱼腥草注射液	+	—	—	+	—	+	—	—																
10　紫花地丁注射液*	+	+	+⑤	+⑤	+⑤	+	—	—	—															
11　夏天无注射液*	—	—	—	—	—	+	—	—	+	+														
12　柴胡注射液*	+	+	+	—	—	—	—	—	—	—	—													
13　复方秦艽生注射液*	+	+	+	+⑤	+⑤	—	—	—	—	—	+	—												
14　红花注射液*	+	—	+	—	—	—	—	×	—	—	+⑤	+⑤	—											
15　丹参注射液*	+	+	+	+	+	—	—	—	—	+	+	+	+	+										
16　大青叶注射液*	+	+	—	—	—	—	—	—	—	—	+	—	—	+	+									
17　丁公藤注射液*	+	+	—	+	+	+	—	—	—	+	+	+	—	+	+	—								
18　多红注射液*	+	+	—	+⑤	—	—	—	—	—	+⑤	+⑤	+⑤	—	—	—	—	—							
19　通脉Ⅱ号注射液*	+	+	—	+	+	+	—	—	—	+	+	+	—	—	—	—	—	—						
20　健心灵注射液*	—	—	—	—	—	—	—	—	—	—	—	—	—	—	—	—	—	—	—					
21　祛风湿注射液*	+	+	—	+⑤	—	—	—	—	—	+⑤	+⑤	—	—	—	—	—	—	—	—	+				
22　复方丹参注射液*	+	—	—	—	—	—	—	—	—	—	—	—	—	—	—	—	—	—	—	+	+			
23　当归寄生注射液	+	+	—	+	—	—	—	—	—	+	+	+	—	—	—	—	—	—	—	—	—	—		
24　冠舒注射液	+	+	—	+⑤	—	—	—	—	—	+	+	+	—	—	—	—	—	—	—	—	—	—	—	
25																								
	1	2	3	4	5	6	7	8	9	10	11	12	13	14	15	16	17	18	19	20	21	22	23	24	25

话题 4 常用中西兽药的配伍禁忌

随着中西医结合的日益深入，尤其是由于中西兽药治疗侧重的不同，中西兽药的配伍使用越来越广泛。中西兽药配伍可以起到增效减毒的作用，但若不合理使用，也可降低疗效或增加毒性。下面就从这两方面进行简单介绍。

会降低疗效的配伍禁忌

一些中西药物相互配伍，往往使药物的疗效降低，具体配伍禁忌见表 5—5。

表 5—5   降低疗效的常见中西药配伍禁忌

西兽药	中兽药	禁忌机理
胃蛋白酶	大黄及其制剂，如牛黄解毒片、麻仁丸、解署片等	大黄酸可吸附或结合胃蛋白酶，抑制其活性
	元胡、槟榔、硼砂等	碱性物质中和部分胃酸，降低胃蛋白酶活性
胰酶	山楂、女贞子、五味子、山茱萸、木瓜、乌梅等	可提高肠道的酸性，使胰酶等在碱性环境中起作用的酶制剂不能正常发挥作用
乳酶生	含黄连成分的中成药，如黄连上清丸等	黄连能使乳酶菌活力丧失，导致乳酶生失去助消化的功能

续表

西兽药	中兽药	禁忌机理
酶制剂	含雄黄的中成药，如冠心苏合丸、牛黄解毒丸、六神丸等	因为雄黄的主要成分为硫化砷，砷可与酶蛋白、氨基酸分子结构上的酸性基团形成不溶性沉淀，从而抑制酶的活性，降低疗效
	血余炭、地榆炭、蒲黄炭、大黄炭、槐米炭、棕炭、十灰散等	降低药效
活菌制剂，如乳酶生、乳康生、促菌生、克痢灵、整肠生、赐美健、EM原露等	具有抗菌作用的中药，如金银花、连翘、蒲公英、地丁、黄芩、黄连、黄柏、栀子、龙胆草、鱼腥草、穿心莲、白头翁、草河车等	可抑制其益生菌的生长而降低其疗效
磺胺类药物	神曲及其制剂	神曲及其制剂可干扰磺胺类药物与细菌的竞争，使磺胺类药物失去疗效
土霉素	含铝中药，如明矾、赤石脂等	铝离子可与土霉素结合生成不溶于水且难以吸收的铝络合物
	含镁中药，如滑石、阳起石、伏龙肝、寒水石等	镁离子可与土霉素结合生成不溶于水且难以吸收的铝络合物
	含钙中药，如石膏、龙骨、牡蛎、乌贼骨、瓦楞子、阳起石，寒水石等	钙离子可与土霉素结合生成不溶于水且难以吸收的铝络合物

西兽药	中兽药	禁忌机理
喹诺酮类药物	含铁中药，如禹余粮、代赭石、磁石、自然铜等	铁离子与喹诺酮类药物的氧基和羟基结合生成螯合物，可导致喹诺酮类药物疗效降低
	含镁中药，如滑石、赤石脂、阳起石、伏龙肝、寒水石等	镁离子可与喹诺酮类药物结合生成不溶于水且难以吸收的铝络合物
	含铝中药，如明矾、赤石脂等	铝离子可与喹诺酮类药物结合生成不溶于水且难以吸收的铝络合物
庆大霉素、红霉素等抗生素	穿心莲及其制剂	庆大霉素等抗生素可抑制穿心莲有效成分的活性，使其疗效降低
四环素类、大环内酯类、异烟肼、利福平等	含钙、镁、铁等矿物质成分的中药及其中成药，如石膏、石决明、瓦楞子、龙骨、牡蛎、止咳定喘丸、龙牡壮骨冲剂等	多价金属离子能与上述药物分子内的酰胺基和酚羟基结合，生成难溶性的化合物或络合物而影响吸收，降低药效
四环素类、红霉素、克林霉素等	鞣质的中药及其中成药，如五倍子、石榴皮、山茱萸、虎杖、大黄、黄连上清丸、牛黄解毒片、七厘散等	鞣质可与这些抗生素在胃肠道结合产生沉淀，降低生物利用度
含铝西药，如胃舒平等	丹参及其制剂	铝离子可与丹参有效物质结合生成不溶于水且难以吸收的铝络合物
维生素 C		可使丹参有效成分发生还原反应而失效或减效

续表

西兽药	中兽药	禁忌机理
抗酸类西药，如碳酸氢钠、人工盐等	含大黄素、大黄酸、大黄酚等蒽醌衍生物的中药，如芦荟、大黄、虎杖等	前者可破坏后者的有效成分，使其失去活性
碱性西药，如碳酸氢钠、人工盐等	酸性中药，如山楂、女贞子、五味子、山茱萸、木瓜、乌梅等	可发生酸碱中和反应，使其疗效降低
碱性西药，如碳酸氢钠、人工盐等	山药	可破坏山药的淀粉酶，使其疗效降低
降压药	含麻黄碱的中成药，如麻杏止咳露、止咳定喘丸、防风通圣丸等	麻黄碱可使血管收缩，有升高血压的作用，使降压药药效降低
氢氧化铝凝胶、氨茶碱、碳酸氢钠、胃舒平等	保和丸、六味地黄丸、肾气丸等	同时服用会发生酸碱中和，使中药、西药均失去治疗作用
奎尼丁、氯霉素	茵陈、蛇胆川贝散（液）、藿胆丸、牛胆汁浸膏、利胆片、消炎利胆片、脑立清、万应锭、喉症六神丸哮喘姜胆片、胆石通胶囊	形成络合物影响吸收，降低疗效
诺氟沙星	牛黄解毒片	牛黄解毒片中的钙离子与诺氟沙星可形成诺氟沙星—钙络合物，溶解度下降，肠道难以吸收，降低疗效。必须同服时可间隔2~3 h

续表

西兽药	中兽药	禁忌机理
镇静催眠药，如氯丙嗪、苯巴比妥等	麻黄碱	麻黄碱具有中枢兴奋作用，与氯丙嗪、苯巴比妥等同用，则会产生药效的拮抗
酚妥拉明	枳实	枳实抗休克的有效成分N-甲基酰胺对羟福林主要作用于α-受体，而酚妥拉明为α-受体阻断剂，同用会使药效降低
降糖药，如甲苯磺丁脲、苯乙双胍、胰岛素等	含糖皮质激素样物质的中药，如鹿茸、何首乌、甘草、人参等	因这类中药能使氨基酸、蛋白质从骨骼肌中转移到肝脏，在相关酶的作用下使葡萄糖和糖原的产生增加，引起血糖升高，若与降糖药物合用会产生药理拮抗作用

可增加毒性的配伍禁忌

一些中西药物相互配伍，往往可以使它们的毒性增加，具体配伍禁忌见表5—6。

表5—6　　　增加毒性的常见中西药配伍禁忌

西兽药	中兽药	禁忌机理
磺胺类药	含硫类中药，如芒硝、石膏、寒冰石、硫黄等	增强磺胺类药物在血液的毒性，引起硫络血红蛋白血症
	含有机酸的中药，如山楂、山茱萸、女贞子、五味子、乌梅、木瓜等	使尿液酸性增加，引起磺胺类药物在肾小管中析出结晶，损害肾脏
喹诺酮类药物及先锋霉素、利福平等具有肾毒性抗生素	含有机盐或有机酸的中药，如山楂、山茱萸、女贞子、五味子、乌梅、木瓜等	可使尿液 pH 值下降，引起喹诺酮类药物在肾小管中析出结晶，损害肾脏；或可加强肾毒性抗生素在肾小管中的吸收，从而增强其对肾脏的毒性
氯霉素、红霉素、四环素、利福平等具有肝毒性抗生素	含鞣酸的中药，如地榆、诃子、五倍子等	可增强毒性反应，甚至可引起药原性肝病
庆大霉素	柴胡注射液	有引起过敏性休克的报道
青霉素 G	板蓝根、当归、穿心莲等注射液	有增加过敏反应的危险性，应慎用
痢特灵	麻黄、丹参等	麻黄、丹参有促进去甲肾上腺素大量释放的作用，而痢特灵有抑制单胺氧化酶的活性、使去甲肾上腺素不被破坏的作用，两者配伍可导致血压升高和脑出血的毒性反应
	白酒及其制剂	有增强痢特灵毒性反应的作用
	参苓白术散（丸）	可与痢特灵发生酪胺反应，使痢特灵毒性增强，轻者呕吐、血压升高，重者危及生命

续表

西兽药	中兽药	禁忌机理
阿托品、咖啡因、氨茶碱等	含有乌头碱、黄连碱、贝母碱的中药及制剂，如小活络丹、香莲丸、贝母枇杷糖浆等	增加毒性，出现药物中毒
氨茶碱	麻黄及其制剂	同服不仅药效降低，且能使毒性增加1~3倍，引起恶心、呕吐、心动过速、头痛、头晕、心律失常、震颤等
强心苷类药物	含莨菪烷类生物碱的中药及制剂，如曼陀罗、华山参、洋金花、颠茄合剂等	这些中药具有松弛平滑肌、减慢胃肠蠕动的作用，使机体对强心苷类药物的吸收和蓄积增加，易引起中毒反应
肾上腺素	含有糖皮质激素样物质的中药，如甘草及其制剂	可使胃溃疡发生率升高
阿司匹林	酒类及其中药制剂	可引起胃粘膜屏障损伤和导致胃出血
	银杏叶制剂	可增加血小板功能的抑制，造成出血现象
乙酰氨基酚、麦角胺或咖啡因等成分的药物	银杏叶制剂	会引起膜下血肿
噻嗪类利尿剂		会引起血压升高

续表

西兽药	中兽药	禁忌机理
洋地黄制剂	含钙较多的中药，如石膏、牡蛎、龙骨、乌贼骨、阳起石、瓦楞子等	钙离子有增强洋地黄制剂的毒性作用
敌百虫	槟榔	敌百虫可抑制体内胆碱酯酶活性，使乙酰胆碱过量积聚，从而使槟榔兴奋胆碱能节后纤维的末梢器官的作用增强而呈现毒副作用。尤其是马对槟榔特别敏感，合用可导致中毒死亡
氯丙嗪	曼陀罗、洋金花、天仙子等	都具有抗胆碱作用，二者合用可呈现毒副作用
溴化物	朱砂及其制剂	Br^- 有抑制大脑皮层运动中枢的作用，且 Br^- 排泄缓慢，而朱砂及其制剂都含有汞离子，有抑制中枢作用，排泄亦转缓慢。两者合用则产生 $HgBr_2$ 而增强毒性
硫酸亚铁		硫与汞生成 HgS，毒性增强
碘化钾	朱砂	碘与汞发生反应，毒性增强，引起中毒，特别对眼睛毒性较大

西兽药	中兽药	禁忌机理
先锋霉素	硼砂	先锋霉素对肾脏有一定的毒性，而硼砂含四硼酸钠，长久服用可损害肾脏。二者合用可增强对肾脏的毒性
维生素 C	砷类中药	维生素 C 可使砷类中药中所含的无害的五价砷转变为有剧毒的三价砷，导致砷中毒
催眠镇静药，如甲喹酮、氯氮平、地西泮等	桃仁、白果、杏仁等	会抑制呼吸中枢，损害肝功能
心律平、奎尼丁	六神丸、麝香保心丸、益心丹等中成药	可导致心跳骤停而出现危险
保钾利尿药	富含钾的中药，如夏枯草、白茅根	可产生高血钾，引起血压升高
低分子右旋糖酐	复方丹参注射液	因低分子右旋糖酐本身是一种抗原，易与丹参等形成络合物，共同作用可导致过敏性休克或严重的过敏症
扑尔敏	含乙醇的中成药	易导致相互协同作用的中枢神经系统抑制，产生呼吸困难、心悸等